Probleme des Kreuzstrom-Wärmeaustauschers

Probleme des Kreuzstrom-Wärmeaustauschers

Von

Dr.-Ing. Heinrich Kühl

Daimler-Benz AG Stuttgart-Untertürkheim
Dozent an der Technischen Hochschule Stuttgart

Mit 34 Abbildungen

Springer-Verlag

Berlin / Göttingen / Heidelberg

1959

ISBN-13: 978-3-540-02434-7   e-ISBN-13: 978-3-642-94762-9
DOI: 10.1007/978-3-642-94762-9

Habilitationsschrift zur Erlangung der Lehrberechtigung
(venia legendi) an der Technischen Hochschule Stuttgart

Vorwort

Die Anregung für die vorliegende Arbeit ergab sich bei einer vergleichenden Untersuchung verschiedener Bauarten von Wärmeaustauschern für Gasturbinen. Das Interesse an einer exakten theoretischen Erfassung der Vorgänge im Wärmeaustauscher ist hier besonders groß, weil die Kosten des Wärmeaustauschers bei Gasturbinen hoher Wirtschaftlichkeit vielfach einen erheblichen Prozentsatz der gesamten Anlagekosten ausmachen. Bei dieser Untersuchung wurde festgestellt, daß die Unterlagen für die Berechnung von in Reihe geschalteten Kreuzstrom-Wärmeaustauschern damals noch sehr lückenhaft waren. Außerdem liegt bei allen Kreuzstrom-Wärmeaustauschern eine weitere Unsicherheit in dem Einfluß des teilweisen Temperaturausgleichs in den strömenden Medien, der durch Wärmeleitung und durch Vermischungsvorgänge verursacht ist. Andererseits erweisen sich oft Wärmeaustauscher nach dem Kreuzstromprinzip bei Gasturbinen, wie auch auf anderen Gebieten der Technik, als besonders vorteilhaft, und zwar nicht nur aus konstruktiven Gründen, sondern auch wegen der relativ hohen Wärmeübergangszahlen bei quer angeströmten Rohrbündeln. Die erforderliche wärmeübertragende Fläche wird hier nämlich bei gleichem Druckverlust meist kleiner als bei Strömung parallel zur Rohrachse. Es besteht somit offenbar ein Interesse, die hier in der Theorie des Kreuzstrom-Wärmeaustauschers festgestellten Lücken zu schließen.

Die vorliegende Arbeit wurde von der Technischen Hochschule Stuttgart als Habilitationsschrift angenommen. Die Herren Professoren Dr.-Ing. RIEKERT, Dr.-Ing. QUACK und Dr.-Ing. ZOLLER haben sich als Referenten der Mühe der Durchsicht meiner Arbeit unterzogen, wofür ich ihnen bestens danken möchte. Auf ihre Anregung wurde an verschiedenen Stellen gegenüber der ursprünglichen knappen Fassung eine ausführlichere Darstellung gewählt.

Dem Springer-Verlag danke ich für die Verlagsübernahme meiner Arbeit und für die vorzügliche Ausstattung.

Stuttgart, im Februar 1959

H. Kühl

Inhaltsverzeichnis

Übersicht

In der vorliegenden Arbeit werden zwei Teilprobleme des Kreuzstrom-Wärmeaustauschers behandelt, der Wärmerückgewinn des Wärmeaustauschers in Kreuzgegenstromanordnung und der Einfluß der Vermischung in den strömenden Medien bzw. der Wärmeleitung auf den Wärmerückgewinn beim einfachen Kreuzstrom.

Bei der praktischen Berechnung von Kreuzgegenstrom-Wärmeaustauschern (Schema Abb. 1) ist lediglich die in bekannter Weise für reinen Gegenstrom bei gleichem Wärmerückgewinn errechnete wärmeübertragende Fläche mit einem Faktor ε zu multiplizieren, um die beim Kreuzgegenstrom erforderliche wärmeübertragende Fläche zu erhalten. Dieses Verhältnis der in beiden Fällen erforderlichen wärmeübertragenden Flächen ist abhängig von einem Kennwert x_0^* (s. Abb. 16) für die Größe der einzelnen „Stufe" (d. h. der einzelnen Kreuzstrom-Wärmeaustauscher, die im Kreuzgegenstrom-Wärmeaustauscher in Reihe geschaltet sind, Abb. 1), von der Zahl n dieser Stufen, vom Verhältnis w der Wasserwerte beider Ströme und von der Stromführung. Für die verschiedenen Anordnungen der Stromführung (s. S. 5 ff., insbesondere Abb. 2) und die genannten Kenngrößen kann der Faktor ε unmittelbar den Abb. 16–23 entnommen werden, die auf S. 48 f. näher erläutert sind. Die für die Berechnung des Gegenstrom-Wärmeaustauschers benötigten bekannten Beziehungen sind auf S. 9 f. zusammengestellt.

Der Gang der hier durchgeführten Untersuchungen über den Kreuzgegenstrom-Wärmeaustauscher kann wie folgt skizziert werden:

Nach Behandlung der Grundlagen, insbesondere der verschiedenen möglichen Anordnungen für den Kreuzgegenstrom (Abb. 2), wird eine exakte Lösung für den Temperaturverlauf beim Kreuzstrom mit beliebigem Verlauf der Eintrittstemperaturen angegeben (S. 13 ff.). Die Formeln für die Berechnung des einfachen Kreuzstroms mit konstanten Eintrittstemperaturen werden auf eine zweckmäßige Form gebracht (S. 18) und damit der im folgenden benötigte Wärmerückgewinn mit großer Genauigkeit für genügend viele Zwischenwerte und auch für größere Wärmeaustauscherflächen erneut berechnet (Zahlentafel 1, S. 18). Bei der günstigsten Anordnung des Kreuzgegenstroms (E, Abb. 2) ist der Grenzwert des Wärmerückgewinns der Einzelstufe für sehr viele Stufen gleich dem Wärmerückgewinn für Gegenstrom (S. 22 ff.).

Für die weiter durchzuführenden Berechnungen wird ein Näherungsverfahren zur Berücksichtigung der veränderlichen Eintrittstemperatur beim Kreuzstrom angegeben (S. 26 ff.). Die dabei auftretenden Koeffizienten können unter Verwendung zweier verschiedener Methoden ziemlich genau bestimmt werden. Nach diesem Verfahren werden Formeln für den Wärmerückgewinn der einzelnen Stufen von in Reihe geschalteten Kreuzstrom-Wärmeaustauschern abgeleitet, mit denen die Diagramme 16–23 errechnet wurden.

Der Einfluß der Vermischung in den strömenden Medien und der Wärmeleitung in den wärmeübertragenden Elementen auf den Wärmerückgewinn kann, wie die durchgeführten Untersuchungen zeigen, in fast allen praktischen Fällen vernachlässigt werden. Dieses Ergebnis ist vor allem deshalb wichtig, weil im Schrifttum die Behandlung des Grenzfalls vollständiger Vermischung vielfach einen ziemlich breiten Raum einnimmt. Die einfachen Beziehungen für die Berechnung der Änderung des Wärmerückgewinns durch Vermischung bzw. Wärmeleitung sind auf S. 80 ff. zusammengefaßt, wobei die als Ergebnis der theoretischen Untersuchung erhaltenen Faktoren A_M, A_1 . . . der Abb. 33 entnommen werden können. Eine Abschätzung der hier auftretenden Kenngröße β für den Temperaturausgleich durch Vermischung findet sich auf S. 61 ff., die Begründung und Erläuterung dieser Kenngröße auf S. 59.

Die theoretische Behandlung des Einflusses der Vermischung und Wärmeleitung wurde unter der durch die Ergebnisse voll bestätigten Annahme durchgeführt, daß die durch Vermischung und die durch Wärmeleitung in den wärmeübertragenden Elementen verursachten Temperaturänderungen sehr klein sind. Es gelang dabei, Lösungen in geschlossener Form mit Besselschen Funktionen für die Änderung des Wärmerückgewinns zu finden [Gl. (229) bzw. (250)].

A. Wärmeübertragung im Kreuzgegenstrom

I. Aufgabenstellung und Grundlagen

1. Einführung

Bekanntlich wird bei gleicher Wärmedurchgangszahl bei Kreuzstromanordnung weniger Wärme übertragen als bei Gegenstromanordnung,
weil hier die wirksame mittlere Temperaturdifferenz zwischen beiden
Strömen kleiner ist. Der Unterschied ist bei Wärmeaustauschern kleiner
Wirksamkeit nur gering, steigt aber mit zunehmender Wirksamkeit stark
an. Um diesen Nachteil der Kreuzstromanordnung in erträglichen Grenzen zu halten, ist es deshalb bei Wärmeaustauschern hoher Wirksamkeit
üblich, mehrere Kreuzstrom-Wärmeaustauscher derart in Reihe zu schal-
ten, daß die Hauptströmungsrichtung der Gegenstromanordnung entspricht (Abb. 1). Dadurch gelingt es, die im Kreuzstrom-Wärmeaustauscher mit senkrecht an-
geströmten Rohrbün-
deln meist erheblich
höheren Wärmedurch-
gangszahlen praktisch
auszunützen.

Die Schwierigkeit
der Berechnung solcher
Kreuz-Gegenstrom-
Wärmeaustauscher
liegt darin, daß die Aus-
trittstemperaturen aus

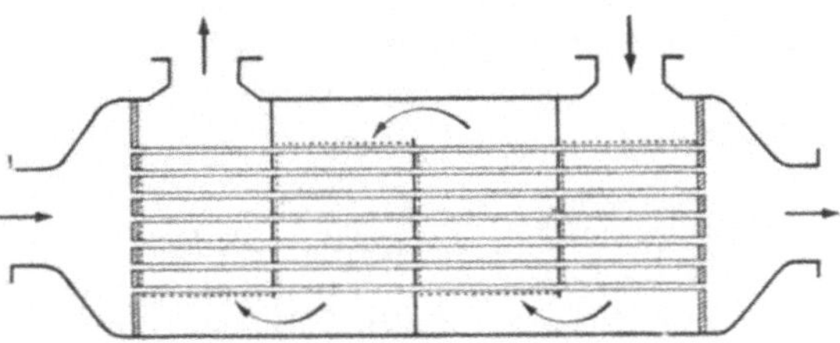

Abb. 1. Beispiel eines Wärmeaustauschers in Kreuz-Gegenstrom-
Anordnung.

.... Projektion der Eintrittsebenen der einzelnen Kreuzstrom-Wärmeaustauscher.

einem Kreuzstrom-Wärmeaustauscher quer zur Strömungsrichtung sehr
große Unterschiede aufweisen (s. Abb. 9). Bei den üblichen Anordnungen
bleiben diese Unterschiede mindestens in einem Strom (von links nach
rechts fließender Strom in Abb. 1) beim Eintritt in den nächsten Durch-
gang erhalten und können dort die Wärmeübertragung erheblich beeinflussen. Die von NUSSELT[1] angegebenen Werte für den einfachen Kreuz-

---

[1] NUSSELT, W.: Der Wärmeübergang im Kreuzstrom. Z. VDI Bd. 55 (1911)
S. 2021–24. – NUSSELT, W.: Eine neue Formel für den Wärmedurchgang im Kreuzstrom. Techn. Mech. u. Therm. Bd. 1 (1930) S. 417–422. – Ausführliche Darstellung
u. a. HAUSEN, H.: Wärmeübertragung im Gegenstrom, Gleichstrom und Kreuzstrom, S. 204 ff. (Techn. Physik in Einzeldarstellungen Bd. 8). Berlin/Göttingen/
Heidelberg: Springer; München: J. F. Bergmann 1950.

strom mit konstanten Eintrittstemperaturen können hier demnach nicht mehr angewendet werden.

Der Kreuzstrom mit konstanten Eintrittstemperaturen ist aber, wie eine Betrachtung des einschlägigen Schrifttums zeigt, der einzige Fall des Kreuzstrom-Wärmeaustauschers ohne Temperaturausgleich in den einzelnen Strömen, der bis zum Abschluß dieser Untersuchung exakt behandelt wurde[1].

Sind mehrere solche Kreuzstrom-Wärmeaustauscher in Reihe geschaltet, so erfordert zunächst der Sonderfall, daß in beiden Strömen zwischen den einzelnen Kreuzstrom-Wärmeaustauschern jeweils vollständige Vermischung mit Temperaturausgleich stattfindet[2], keine weitere Untersuchung. Hier gelten ohne Einschränkung die bekannten Beziehungen für die Berechnung der Kenngrößen einer Reihe von Wärmeaustauschern aus den Kenngrößen der einzelnen Glieder.

Von diesem Sonderfall abgesehen sind Untersuchungen über die Berechnung von Wärmeaustauschern nach dem Kreuzgegenstromprinzip nur für den mathematisch sehr viel einfacheren Fall bekannt, daß in mindestens einem der beiden Ströme als Folge von Vermischungsvorgängen senkrecht zur Strömungsrichtung überall Temperaturausgleich vorhanden ist. Hier sei auf die Arbeiten von SMITH[3] und von BOWMAN, MUELLER und NAGLE[4] verwiesen.

Der Kreuzstrom-Wärmeaustauscher mit Mischung in einem Strom nimmt in der englisch-amerikanischen Literatur einen verhältnismäßig breiten Raum ein[5]. Er und der Wärmeaustauscher ohne Mischung stellen

---

[1] Nach Einreichung dieser Arbeit als Habilitationsschrift bei der TH Stuttgart erschien die amerikanische Veröffentlichung: STEVENS, R. A., J. FERNANDEZ u. J. R. WOOLF: Mean-Temperature Difference in One, Two, and Three-Pass Crossflow Heat Exchangers. Trans. ASME, Vol. 79 (1957) S. 287–297. Hier wurden die interessierenden Kenngrößen für den Kreuzgegenstrom-Wärmeaustauscher mit zwei und drei in Reihe geschalteten Kreuzstrom-Wärmeaustauschern für verschiedene Anordnungen mit Hilfe einer elektronischen Rechenmaschine durch schrittweise Integration errechnet. Die in dieser Veröffentlichung angegebenen Ergebnisse zeigen eine vorzügliche Übereinstimmung mit denen der vorliegenden Untersuchung.

[2] KAYS, W. M., A. L. LONDON u. D. W. JOHNSON: Gas Turbine Plant Heat Exchangers. ASME Research Publication, April 1951, S. 24f.

[3] SMITH, D. M.: Mean Temperature Difference in Cross Flow. Engineering Vol. 138 (1934) S. 479–481, 606–607.

[4] BOWMAN, R. A., A. C. MUELLER u. W. M. NAGLE: Mean Temperature Difference in Design. Trans. ASME, Bd. 62 (1940) S. 282–293. Hier wird auch ein Vortrag von E. A. SCHUMANN mit einem Lösungsverfahren für zwei in Reihe geschaltete Kreuzstrom-Wärmeaustauscher erwähnt, zwischen denen in einem Strom Mischung mit Temperaturausgleich stattfindet. Damit berechnete Zahlenwerte oder Kurven sind jedoch nicht bekannt geworden.

[5] Zum Beispiel McADAMS, W. H.: Heat Transmission. New York/Toronto/London: Mc Graw-Hill Book Co. 1954. – KAYS, W. M., u. A. L. LONDON: Compact Heat Exchangers. Palo Alto California: The National Press 1955.

die beiden Grenzen dar, zwischen denen der wirkliche Wärmeaustauscher liegt, wobei nach manchen Darstellungen durchaus offen ist, welcher der beiden Grenzen der wirkliche Wärmeaustauscher sich nähert. Die Untersuchung dieser Frage ist Aufgabe des zweiten Teils dieser Arbeit. Dort wird sich zeigen, daß der Einfluß der Vermischung auf die Wirksamkeit des Wärmeaustauschers im allgemeinen zu vernachlässigen ist. Deshalb ist es hier nicht notwendig, auf die Arbeiten über den Kreuzgegenstrom mit Temperaturausgleich durch Vermischung in einem Strom näher einzugehen.

Schließlich ist eine Angabe im VDI-Wärmeatlas[1] zu erwähnen, wonach bei n in Reihe geschalteten Kreuzstrom-Wärmeaustauschern für den später [Gl. (3)] definierten Ausnützungsfaktor ε die n-te Wurzel des für einen einfachen Kreuzstrom-Wärmeaustauscher gleicher Gesamtfläche gültigen Wertes verwendet werden kann. Es ist klar, daß man von einer so einfachen Faustformel nur eine beschränkte Genauigkeit bei bestimmten Anordnungen erwarten darf.

Mathematisch ähnliche Aufgaben wie beim Kreuzgegenstrom sind beim Regenerator gelöst worden und es erscheint naheliegend, die dort bewährten Näherungsverfahren[2], sei es die schrittweise Integration, sei es das Wärmepolverfahren, sinngemäß auf den Kreuzgegenstrom zu übertragen. Diese Verfahren sind, wenn man größere Genauigkeiten anstrebt, außerordentlich langwierig. Im folgenden wurden deshalb neue Wege beschritten, die in dem hier interessierenden Bereich der Kenngrößen genaue Ergebnisse mit verhältnismäßig kleinem Rechenaufwand liefern.

2. Untersuchte Anordnungen von Kreuz-Gegenstrom-Wärmeaustauschern und allgemeine Voraussetzungen

Als Koordinatenachsen der einzelnen in Reihe geschalteten Kreuzstrom-Wärmeaustauscher sind die Projektionen der Eintrittsflächen beider Ströme (punktierte Linien in Abb. 1) anzusehen. Maßgebend für die Wirkungsweise verschiedener Anordnungen von in Reihe geschalteten Kreuzstrom-Wärmeaustauschern ist deshalb die Frage, ob diejenigen Teilchen des einen Stroms, die in der vorhergehenden Stufe[3] auf der Eintrittsseite des anderen Stromes fließen, sich in der nachfolgenden Stufe wieder auf der Eintrittsseite oder aber auf der Austrittsseite des anderen Stromes befinden. In Abb. 1 z.B. liegt bei dem von links nach rechts fließenden Strom der zweite Fall vor. Im ersteren Fall ist die Eintritts-

---

[1] VDI-Wärmeatlas, Blatt CA 4. Düsseldorf: VDI-Verlag 1953.

[2] Zum Beispiel HAUSEN, A., s. Fußnote S. 3.

[3] Im Interesse der Kürze sollen die einzelnen in Reihe geschalteten Kreuzstrom-Wärmeaustauscher als „Stufen" bezeichnet werden, obwohl dieser Ausdruck vielleicht stilistisch nicht ganz befriedigt.

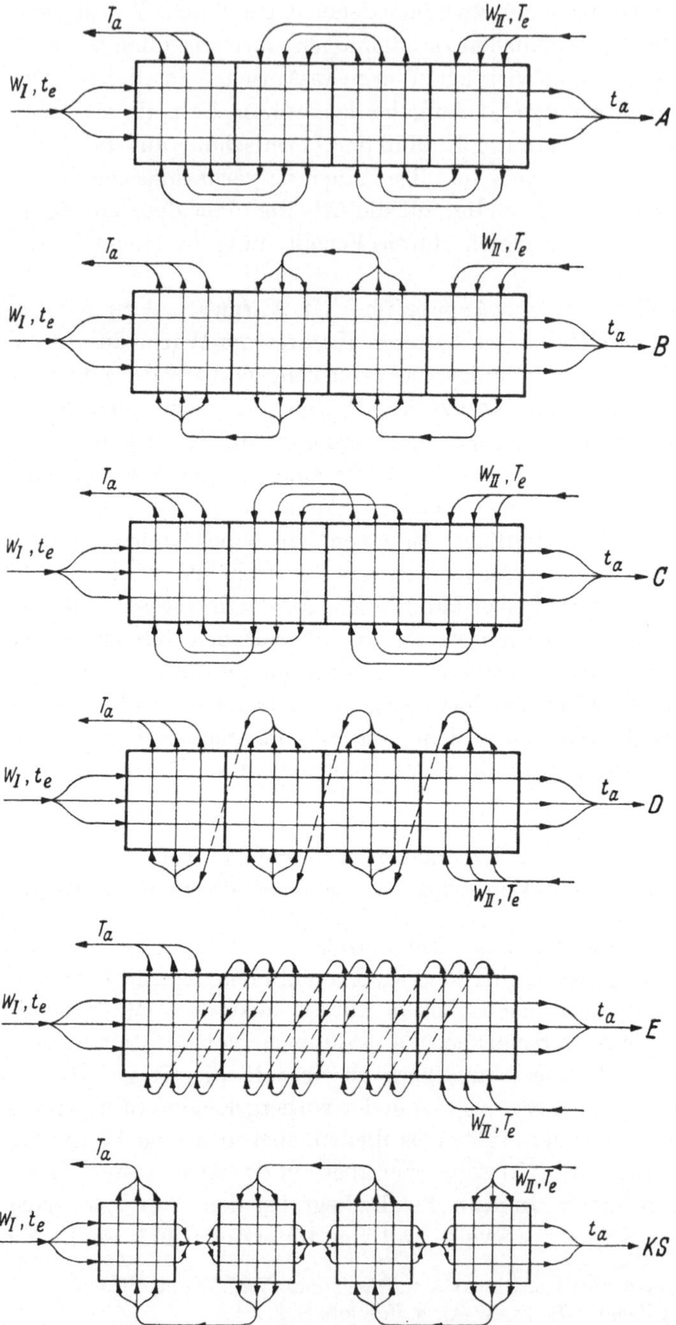

Abb. 2. Verschiedene Anordnungen von in Reihe geschalteten Kreuzstrom-Wärmeaustauschern in schematischer Darstellung (Mischung mit Temperaturausgleich ist durch Zusammenführen der einzelnen Stromlinien gekennzeichnet).

temperatur in die nachfolgende Stufe im jeweiligen Koordinatensystem identisch mit der Austrittstemperatur aus der vorhergehenden Stufe, im zweiten Fall ist die erstere ein Spiegelbild der letzteren. Als dritte Möglichkeit kommt die Vermischung eines Stromes zwischen zwei Stufen mit Temperaturausgleich in Frage.

Die verschiedenen, sich so ergebenden Anordnungen zeigt Abb. 2 in schematischer Darstellung. Bezeichnet man den von links nach rechts fließenden Strom als ersten Strom, so ergibt sich jeweils folgender

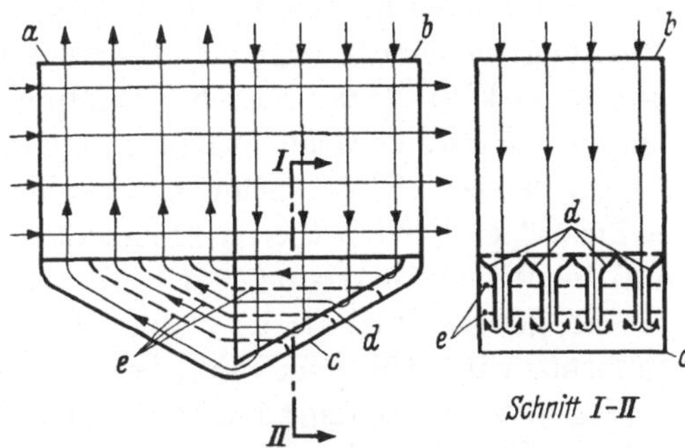

Abb. 3. Praktische Möglichkeit einer Realisierung der Anordnung C, Abb. 2. *a* Erster Kreuzstrom-Wärmeaustauscher. *b* Zweiter Kreuzstrom-Wärmeaustauscher. *c* Umleitungsgehäuse. *d* Langgestreckte, schrägabgeschnittene Düsen zur Führung des am zweiten Wärmeaustauscher unten austretenden Mediums. *e* Zusätzliche Führungsbleche.

Zusammenhang zwischen dem Temperaturverlauf am Eintritt in die nachfolgende und dem am Austritt aus der vorhergehenden Stufe:

A spiegelbildlich für beide Ströme;
B spiegelbildlich für den ersten, Temperaturausgleich beim zweiten Strom;
C spiegelbildlich für den ersten, gleich für den zweiten Strom;
D gleich für den ersten, Temperaturausgleich beim zweiten Strom;
E gleich für beide Ströme;
KS Temperaturausgleich für beide Ströme.

Die vorwiegend benutzte Anordnung nach Abb. 1 liegt in ihrem Verhalten zwischen den beiden Grenzfällen A und B. Wie man sich eine Realisierung der Anordnung C etwa vorstellen könnte, zeigt Abb. 3, während man bei D und E den zweiten Strom in der skizzierten Weise um das eigentliche Wärmeübertragungssystem herumzuführen hätte.

Eine wichtige Ausführungsform der Anordnung E ist der Kreuz-Gegenstrom Wärmeaustauscher, in dem der eine Strom in spiralförmig gewundenen Rohren, der andere außerhalb der Rohre parallel zur Achse der Spiralen fließt (Abb. 4). Die Stufenzahl entspricht dem Produkt aus

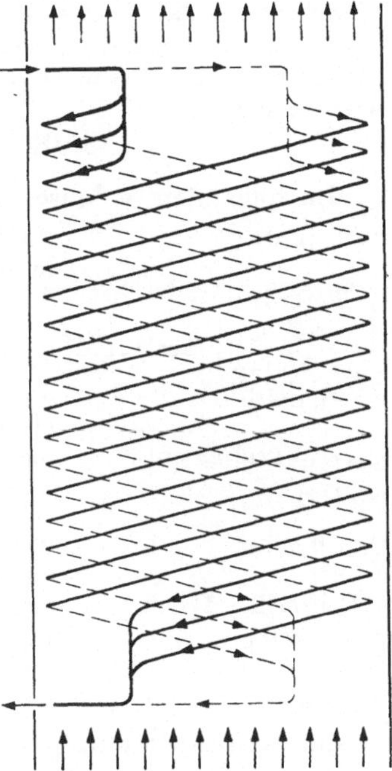

Abb. 4. Schema eines Kreuz-Gegenstrom-Wärmeaustauschers mit spiralförmig gewundenen Rohren (6 Rohre mit je 3 Windungen, je 2 gemeinsame Eintritts- und Austrittsstellen).

der Windungszahl der einzelnen Rohre und der Zahl der auf dem Umfang verteilten gemeinsamen Eintritts- bzw. Austrittsstellen der Rohre (z. B. $3 \times 2 = 6$ Stufen in Abb. 4). Die veränderliche Rohrlänge der in radialer Richtung ineinander liegenden Spiralen bzw. deren veränderliche Windungszahl kann durch Mittelwertbildung oder genauer durch Unterteilung in mehrere koaxiale Wärmeaustauscher berücksichtigt werden.

Die späteren Untersuchungen werden zeigen, daß in der gewählten Reihenfolge A bis E die nachfolgende Anordnung jeweils im Hinblick auf die Wärmeübertragung, d. h. die erforderliche wärmeübertragende Fläche, günstiger ist als die vorhergehende, die dafür meist konstruktiv einfacher wird. Um dem Praktiker die Möglichkeit zu geben, die technisch günstigste Lösung zu wählen, sollen deshalb sämtliche Anordnungen untersucht werden. Nur bei der Anordnung KS ist eine weitere Betrachtung nicht erforderlich, da hier für die einzelnen Stufen die bekannten Werte für den einfachen Kreuzstrom gelten.

Den Untersuchungen liegen folgende allgemeine Annahmen zugrunde:

1. Das Durchflußgewicht je Zeit- und Flächeneinheit und die spezifische Wärme beider Ströme, sowie die Wärmedurchgangszahl bleiben im ganzen System unverändert. Damit sind auch Kondensation und Verdampfung ausgeschlossen.

2. Wärmeverluste und Temperaturausgleich in den strömenden Medien durch Wärmeleitung oder Vermischung werden vernachlässigt.

3. Sämtliche in Reihe geschalteten Stufen besitzen die gleiche wärmeübertragende Oberfläche. (Bei nicht zu großen Unterschieden kann man mit dem Mittelwert rechnen.)

3. Die wichtigsten Kenngrößen

Im folgenden bedeuten für den ersten bzw. für den zweiten Strom

t_e, T_e [grd]	die konstanten bzw. mittleren Eintrittstemperaturen in dem betrachteten Wärmeaustauscher,
t_a, T_a [grd]	die mittleren Austrittstemperaturen,
$\left.\begin{array}{l} W_\mathrm{I} = G_\mathrm{I}\, c_{p\,1} \\ W_\mathrm{II} = G_\mathrm{II}\, c_{p\,\mathrm{II}} \end{array}\right\}$ [kcal/h grd]	die Wasserwerte,
G_I, G_II [kg/h]	das in den einzelnen Strömen fließende Gewicht je Zeiteinheit,
$c_{p\,\mathrm{I}}$, $c_{p\,\mathrm{II}}$ [kcal/kg grd]	die spezifische Wärme der strömenden Medien,

weiterh in

$w = W_\mathrm{I}/W_\mathrm{II}$	das Verhältnis der Wasserwerte beider Ströme,
F [m²]	die wärmeübertragende Oberfläche,
k [kcal/m²h grd]	die auf F bezogene Wärmedurchgangszahl,
$x_0 = Fk/W_\mathrm{I}$	die dimensionslose Kenngröße für die wärmeübertragende Oberfläche,
Index GS	bezogen auf reinen Gegenstrom.

Zur Kennzeichnung der übertragenen Wärmemenge dient das Temperaturverhältnis[1]

$$\eta = \frac{t_e - t_a}{t_e - T_e}.\tag{1}$$

---

[1] Im Interesse der Anschaulichkeit soll bei Aufstellung der Formeln stets von der Vorstellung $t_e > T_e$ ausgegangen werden, was aber für das Ergebnis gleichgültig ist.

Diese sehr wichtige Kenngröße, über deren Benennung leider noch keine Einigung erzielt werden konnte, soll im folgenden als „Wärmerückgewinn" bezeichnet werden. Wählt man den Strom mit dem niedrigeren Wasserwert als ersten Strom, so stellt diese Größe das Verhältnis der tatsächlichen zur theoretisch möglichen Temperaturänderung, also, da unter den auf S. 8 festgelegten Voraussetzungen die übertragenen Wärmemengen den entsprechenden Temperaturänderungen proportional sind, den Wirkungsgrad des Wärmeaustauschers dar. Die Bezeichnung „Wirkungsgrad" wurde jedoch vermieden, weil die Kenngröße η auch verwendet werden soll, wenn der erste Strom den höheren Wasserwert hat. In diesem Fall ist der Nenner in Gl. (1) größer als die theoretisch mögliche Temperaturänderung und η hat damit nicht mehr die Bedeutung eines Wirkungsgrades. Ist η_{II} der auf den zweiten Strom bezogene also bei Vertauschen beider Ströme erhaltene Wärmerückgewinn, so gilt

$$\eta_{\mathrm{II}} = \frac{T_a - T_e}{t_e - T_e} = w\eta \,. \tag{2}$$

Zur Kennzeichnung der durch die jeweilige Anordnung bedingten Ausnützung der wärmeübertragenden Oberfläche verwendet man den „Ausnutzungsfaktor" ε, das Verhältnis der bei gleicher Wärmedurchgangszahl und gleichem Wärmerückgewinn η bei Gegenstrom erforderlichen Fläche F_{GS} zur tatsächlichen Fläche F

$$\varepsilon = \frac{F_{GS}}{F} = \frac{x_{0\,GS}}{x_0} \,. \tag{3}$$

Dieser Faktor kann auch als das Verhältnis der tatsächlichen mittleren Temperaturdifferenz zur mittleren Temperaturdifferenz beim Gegenstrom gedeutet werden.

Für den Gegenstrom ist[1]

$$\eta = \frac{1 - e^{-(1-w)\,x_{0\,GS}}}{1 - w\,e^{-(1-w)\,x_{0\,GS}}} \qquad \text{für} \quad w \lessgtr 1, \tag{4}$$

$$\eta = \frac{x_{0\,GS}}{1 + x_{0\,GS}} \qquad \text{für} \quad w = 1, \tag{4a}$$

oder nach $x_{0\,GS}$ aufgelöst

$$x_{0\,GS} = \frac{1}{1-w} \ln \frac{1 - w\eta}{1 - \eta} \qquad \text{für} \quad w \lessgtr 1, \tag{5}$$

$$x_{0\,GS} = \frac{\eta}{1 - \eta} \qquad \text{für} \quad w = 1, \tag{5a}$$

$$F_{GS} = \frac{W_{\mathrm{I}}}{k}\, x_{0\,GS} \,. \tag{5b}$$

---

[1] Siehe z. B. Wärmetechnische Arbeitsmappe des VDI, Arbeitsblatt B4. Düsseldorf: VDI-Verlag 1953/54; HAUSEN, H., s. Fußnote S. 3.

Der durch diese Gleichungen festgelegte Zusammenhang zwischen η und $x_{0\,GS}$ kann der Abb. 5 entnommen werden, wobei beide Größen auf den Strom mit dem kleineren Wasserwert als ersten Strom zu beziehen sind. Durch diese Festlegung kann man sich, ebenso wie anschließend beim Kreuzstrom, die Darstellung des Bereichs $w > 1$ ersparen. Die viel-

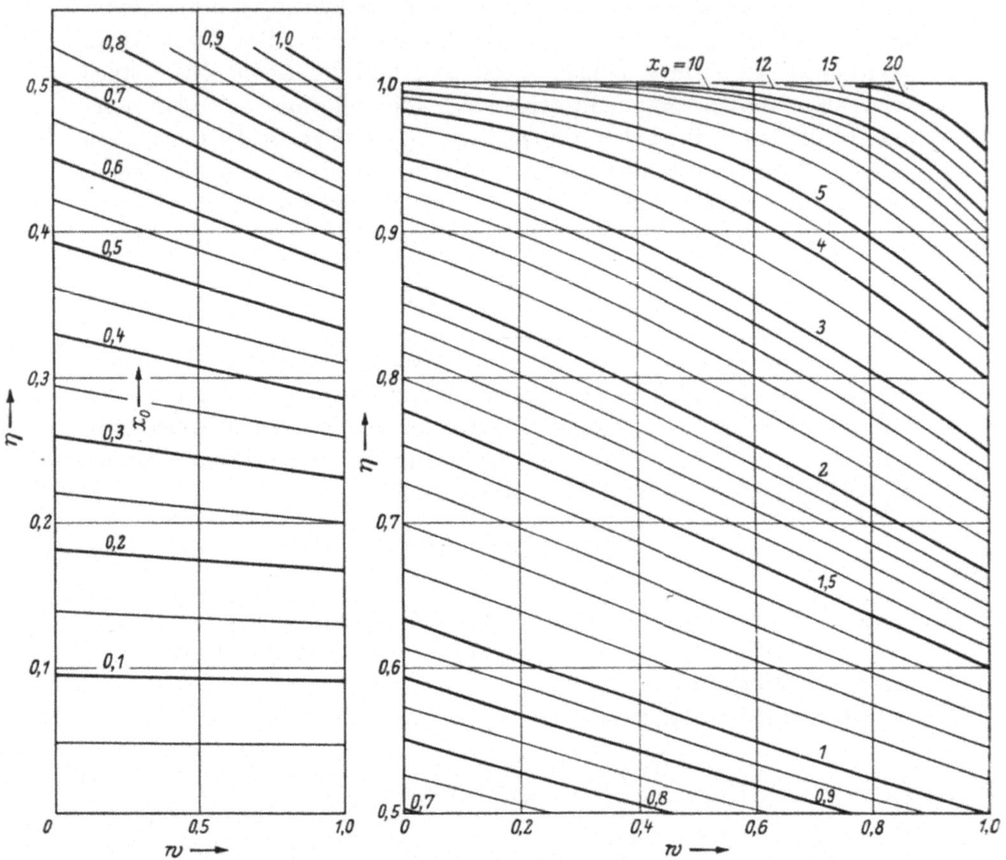

Abb. 5. Zusammenhang zwischen Wärmerückgewinn η, Verhältnis der Wasserwerte beider Ströme $w = W_\mathrm{I}/W_\mathrm{II}$ und dimensionsloser Fläche $x_0 = F \cdot k/W_\mathrm{I}$ beim Gegenstrom-Wärmeaustauscher.
Bei Anwendung des Diagramms ist für W_I der kleinere von den beiden Wasserwerten einzusetzen.

fach gewählte Bezeichnung des Stromes mit der höheren Eintrittstemperatur als erster Strom ist willkürlich und dient nur zur besseren Veranschaulichung.

Die Größe ε ist in Abb. 6 nach NUSSELT für den reinen Kreuzstrom dargestellt, Diagramme für die verschiedenen Anordnungen des Kreuzgegenstroms finden sich am Ende dieser Untersuchung (Abb. 16–23). Für

die praktischen Berechnungen genügt es also, die Rechnung für Gegenstrom mit den gegebenen Werten und der nach den bekannten Gesetzen

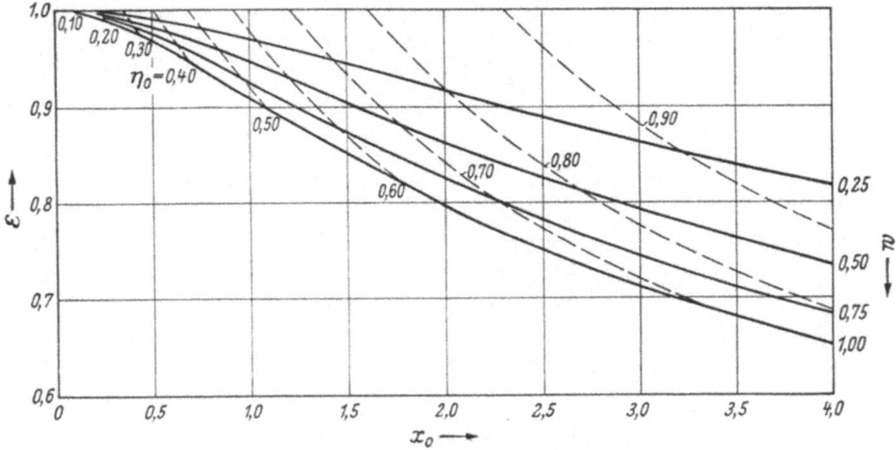

Abb. 6. Ausnutzungsfaktor ε beim Kreuzstrom-Wärmeaustauscher mit konstanter Eintrittstemperatur, abhängig von der dimensionslosen Fläche $x_0 = F \cdot k/W_I$ und dem Verhältnis der Wasserwerte
$w = W_I/W_{II}$ beider Ströme mit Kurven konstanten Wärmerückgewinns $\eta_0 \cdot W_I < W_{II}$.

der Wärmeübertragung bestimmten Wärmedurchgangszahl k durchzu-
führen. Die tatsächliche Fläche F ist dann nach Gl. (3) $F = F_{GS}/\varepsilon$.

Die dritte praktisch wichtige Kenngröße des Wärmeaustauschers, der
Druckverlust, bedarf hier keiner näheren Betrachtung, da sich beim
Kreuzgegenstrom die Druckverluste der einzelnen Stufen addieren.

4. In Reihe geschaltete Wärmeaustauscher

Sind n einzelne Wärmeaustauscher beliebiger Bauart mit dem Wärmerückgewinn $\eta_1, \eta_2 \ldots \eta_n$ in Reihe geschaltet, so sind Größe und Wirkungsweise der Einzelstufen offenbar ohne Einfluß auf den Wärmerückgewinn
der ganzen Reihe, sofern nur der Wärmerückgewinn der einzelnen Stufen
erhalten bleibt. Da der Wärmerückgewinn mit den Mittelwerten der Ein-
und Austrittstemperaturen berechnet wird, ist es dabei auch gleichgültig,
ob die Eintrittstemperaturen in eine Stufe örtlich verschieden oder konstant sind. Man kann sich deshalb jede Einzelstufe durch einen Gegenstrom-
Wärmeaustauscher mit gleichem Wärmerückgewinn ersetzt denken. Die
dimensionslosen Flächen dieser Gegenstrom-Wärmeaustauscher seien
$x_{01GS}, x_{02GS} \ldots x_{0nGS}$. Da sich bei in Reihe geschalteten Gegenstrom-
Wärmeaustauschern die dimensionslosen Flächen addieren, ist der
Wärmerückgewinn η_g der Reihe gleich dem eines Gegenstrom-Wärmeaustauschers mit der dimensionslosen Fläche

$$x_{0gGS} = x_{01GS} + x_{02GS} + \cdots + x_{0nGS}. \tag{6}$$

Drückt man nach Gl. (5) bzw. (5a) die einzelnen Glieder dieser Gleichung durch die entsprechenden Werte des Wärmerückgewinns aus, so folgt daraus nach einigen Umformungen

$$\frac{1-\eta_g}{1-w\,\eta_g} = \prod_{\nu=1}^{n} \frac{1-\eta_\nu}{1-w\,\eta_\nu} = \Pi \qquad \text{für} \quad w \lessgtr 1\,, \qquad (7)$$

$$\frac{\eta_g}{1-\eta_g} = \sum_{\nu=1}^{n} \frac{\eta_\nu}{1-\eta_\nu} = \Sigma \qquad \text{für} \quad w = 1\,, \qquad (7\,\text{a})$$

oder nach η_g aufgelöst

$$\eta_g = \frac{1-\Pi}{1-w\,\Pi} \quad \text{bzw.} \quad \eta_g = \frac{\Sigma}{1+\Sigma}\,. \qquad (7\,\text{b, c})$$

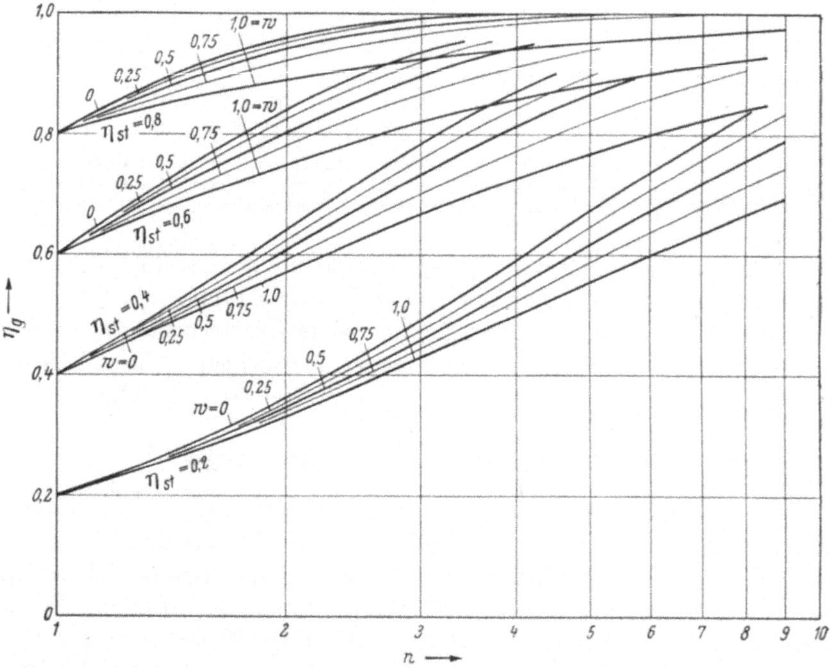

Abb. 7. Wärmerückgewinn η_g von mehreren in Reihe geschalteten Einzelwärmeaustauschern, abhängig von der Stufenzahl n für verschiedene Werte des Wärmerückgewinns η_{st} der Einzelstufen und des Verhältnisses $w = W_\mathrm{I}/W_\mathrm{II}$ der Wasserwerte beider Ströme. $W_\mathrm{I} < W_\mathrm{II}$.

Bei gleichem Wärmerückgewinn η_{st} der Einzelstufen ist

$$\Pi = \left(\frac{1-\eta_{st}}{1-w\,\eta_{st}}\right)^{n}; \qquad \Sigma = \frac{n\,\eta_{st}}{1-\eta_{st}}\,.$$

Für $w = 1$ wird

$$\eta_g = \frac{n\,\eta_{st}}{1+(n-1)\,\eta_{st}}\,. \qquad (8)$$

Abb. 7 läßt erkennen, wie der Wärmerückgewinn η_g einer aus n Einzelstufen mit gleichem Wärmerückgewinn η_{st} bestehenden Reihe sich abhängig von n, η_{st} und w verändert. Je kleiner w, desto stärker ist die Zunahme von η_g mit n.

Sind, wie im folgenden stets vorausgesetzt wird, die dimensionslosen wärmeübertragenden Flächen der einzelnen Stufen gleich: $x_{01} = x_{02} = \ldots x_{0n}$, die Gesamtfläche also $n\,x_{01}$, so folgt aus Gl.(6) mit $x_{0gGS} = n\,x_{01}\,\varepsilon$; $x_{01GS} = x_{01}\,\varepsilon_1$; $x_{02GS} = x_{01}\,\varepsilon_2 \ldots$ der Ausnutzungsfaktor ε der Reihe zu

$$\varepsilon = \frac{1}{n}\sum_{\nu=1}^{n}\varepsilon_\nu . \tag{9}$$

Er ist also gleich dem Mittelwert der Ausnutzungsfaktoren der einzelnen Stufen.

II. Lösung der Grundgleichungen für den Kreuzstrom-Wärmeaustauscher mit beliebigem Verlauf der Eintrittstemperaturen

In diesem Kapitel werden im wesentlichen die Grundlagen und verschiedene Möglichkeiten für eine Berechnung des Wärmerückgewinnes von Kreuzstrom-Wärmeaustauschern mit beliebigem Verlauf der Eintrittstemperatur behandelt. Im darauf folgenden Kap. III soll dann das bei den Rechnungen tatsächlich verwendete Näherungsverfahren beschrieben werden, das mit geringem Rechenaufwand genügend genaue Ergebnisse liefert.

1. Allgemeine exakte Lösung

Die Grundgleichungen für den Kreuzstrom-Wärmeaustauscher lauten[1]

$$\left.\begin{aligned}\frac{\partial t}{\partial x} &= T - t, \\[2mm] \frac{\partial T}{\partial y} &= t - T.\end{aligned}\right\} \tag{10}$$

Dabei ist t die örtliche Temperatur des ersten, in Abb. 8 von links nach rechts, T die des zweiten, von unten nach oben fließenden Stroms, x und y sind dimensionslose Koordinaten (s. Abb. 8).

$$x = \frac{F_x\,k}{W_\mathrm{I}}, \qquad y = \frac{F_y\,k}{W_\mathrm{II}} . \tag{11}$$

Zur Lösung von Gl.(10) setzt man zweckmäßig[2]

$$t = \mathrm{e}^{-(x+y)}\,\Phi . \tag{12}$$

---

[1] NUSSELT, W., s. Fußnote S. 3. Hier ist die von H. HAUSEN (s. Fußnote S. 3) gewählte Form benutzt.
[2] Ähnlich H. HAUSEN, s. Fußnote S. 3.

Dies ergibt nach Gl. (10)

$$T = \mathrm{e}^{-(x+y)}\,\frac{\partial \Phi}{\partial x}\,, \tag{13}$$

$$\frac{\partial^2 \Phi}{\partial x\,\partial y} = \Phi\,. \tag{14}$$

Gesucht ist eine allgemeine Lösung für einen beliebigen Verlauf der Eintrittstemperaturen $t_{x=0}$ und $T_{y=0}$. Zu diesem Zweck entwickelt man Φ in eine Reihe nach x,

$$\Phi = \varphi_0 + x\,\varphi_1 + x^2\,\varphi_2 + x^3\,\varphi_3 + x^4\,\varphi_4 + \cdots, \tag{15}$$

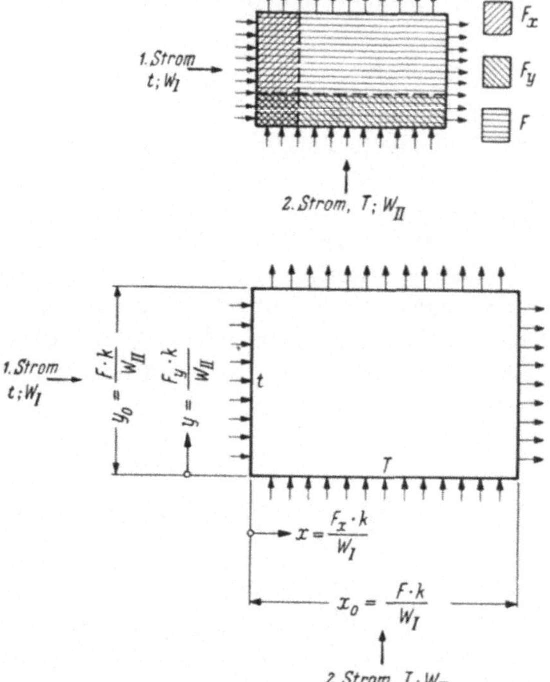

Abb. 8. Kreuzstrom-Wärmeaustauscher.

wobei φ_0, $\varphi_1, \varphi_2 \ldots$ Funktionen von y sind. φ_0 folgt aus der vorgegebenen, beliebig mit y veränderlichen Eintrittstemperatur $t_{x=0}$ des ersten Stromes mit Gl. (12)

$$\varphi_0 = t_{x=0}\,\mathrm{e}^y\,. \tag{16}$$

Durch Einsetzen von Φ aus Gl. (15) in Gl. (14) erhält man

$$\frac{d\varphi_1}{dy} + 2\,x\,\frac{d\varphi_2}{dy} + 3\,x^2\,\frac{d\varphi_3}{dy} + \cdots = \varphi_0 + x\,\varphi_1 + x^2\,\varphi_2 + x^3\,\varphi_3 + \cdots, \tag{17}$$

und daraus durch Vergleich der Koeffizienten der einzelnen Potenzen
von x

$$\frac{d\varphi_1}{dy} = \varphi_0; \quad \frac{d\varphi_2}{dy} = \frac{1}{2}\,\varphi_1; \quad \frac{d\varphi_3}{dy} = \frac{1}{3}\,\varphi_2 \cdots \tag{18}$$

Es ist also mit den Integrationskonstanten $C_1, C_2, C_3 \ldots$

$$\left.\begin{aligned}
\varphi_1 &= \int_0^y \varphi_0(y^*)\,dy^* + C_1, \\[2mm]
\varphi_2 &= \frac{1}{2}\int_0^y \varphi_1(y^{**})\,dy^{**} + C_2 \\[2mm]
&= \frac{1}{2!}\left[\int_0^y\int_0^{y^{**}}\varphi_0(y^*)\,dy^*\,dy^{**} + C_1\,y + C_2\right], \\[2mm]
\varphi_3 &= \frac{1}{3}\int_0^y \varphi_2(y^{***})\,dy^{***} + C_3 \\[2mm]
&= \frac{1}{3!}\left[\int_0^y\int_0^{y^{***}}\int_0^{y^{**}}\varphi_0(y^*)\,dy^*\,dy^{**}\,dy^{***} + \frac{C_1}{2!}\,y^2 + \frac{C_2}{1!}\,y + C_3\right]
\end{aligned}\right\} \tag{19}$$

und so fort, wenn man die Veränderlichen in den Integranden zur Unter-
scheidung von der Integrationsgrenze mit y^*, y^{**}, y^{***} bezeichnet. Damit wird

$$\left.\begin{aligned}
\varPhi &= \varphi_0(y) + x\int_0^y\varphi_0(y^*)\,dy^* + \frac{x^2}{2!}\int_0^y\int_0^{y^{**}}\varphi_0(y^*)\,dy^*\,dy^{**} + \\[2mm]
&\quad + \frac{x^3}{3!}\int_0^y\int_0^{y^{***}}\int_0^{y^{**}}\varphi_0(y^*)\,dy^*\,dy^{**}\,dy^{***} + \cdots + \\[2mm]
&\quad + C_1\,x + \frac{x^2}{2!}(C_1\,y + C_2) + \frac{x^3}{3!}\left(C_1\,\frac{y^2}{2!} + C_2\,y + C_3\right) + \cdots.
\end{aligned}\right\} \tag{20}$$

In dieser Gleichung ist die erste Grenzbedingung $t_{x=0} = t_{x=0}(y)$ bereits
durch Gl. (16) erfüllt. Die zweite Grenzbedingung $T_{y=0} = T_{y=0}(x)$
kann entweder, falls $T_{y=0}(x)$ als Polynom von x dargestellt werden
kann, durch entsprechende Wahl der Konstanten $C_1, C_2 \ldots$ ebenfalls
befriedigt werden, oder man kann diese Konstanten gleich Null setzen
und die der Gl. (20) entsprechende Lösung für den zweiten Strom (x und
y, t und T vertauscht) der obigen Lösung überlagern[1].

---

[1] Siehe Fußnote S. 16.

2. Sonderfall der konstanten Eintrittstemperaturen

Wie später gezeigt wird, kann das Rechenverfahren wesentlich vereinfacht werden. Ausgangspunkt sind dabei die Beziehungen für den Kreuzstrom mit konstanten Eintrittstemperaturen, die deshalb zunächst betrachtet werden sollen. Hierbei ersetzt man zweckmäßig die Temperaturen t und T durch die Temperaturverhältnisse

$$\frac{t - T_e}{t_e - T_e} = \vartheta_0 \,, \qquad \frac{T - T_e}{t_e - T_e} = \Theta_0 \,, \tag{21}$$

wobei $t_e = t_{x=0}$ und $T_e = T_{y=0}$ die konstanten Eintrittstemperaturen bedeuten. Der Index 0 dient bei ϑ, Θ und η zur Kennzeichnung der auf den einfachen Kreuzstrom mit konstanten Eintrittstemperaturen bezogenen Größen. Am Eintritt ist also $\Theta_0 = 0$, $\vartheta_0 = 1$. In Gl. (20) werden dann alle Konstanten zu Null und $\varphi_0 = e^y$. Schreibt man im Interesse einer einfachen Durchführung der folgenden mehrfachen Integration e^y als Reihe an,

$$e^y = 1 + \frac{y}{1} + \frac{y^2}{1 \cdot 2} + \frac{y^3}{1 \cdot 2 \cdot 3} + \cdots = \sum_{\nu=0}^{\infty} \frac{y^\nu}{\nu!}$$

$(0! = 1)$, so erhält man

$$\vartheta_0 = e^{-x} e^{-y} \Phi = e^{-x} e^{-y} \sum_{\nu=0}^{\infty} \frac{x^\nu}{\nu!} S_\nu \,, \tag{22}$$

Fußnote zu S. 15.

[1] Setzt man in Gl. (20) $\varphi_0 = y^p/p!$ ($p \geqslant 0$, ganzzahlig) und die Integrationskonstanten gleich Null, so erhält man

$$\Phi = \sum_{\nu=0}^{\infty} \frac{x^\nu}{\nu!} \frac{y^{\nu+p}}{(\nu + p)!} = (- i)^p \sqrt{\left(\frac{y}{x}\right)^p} J_p (2 i \sqrt{x\,y}) \,,$$

wenn J_p die BESSEL-Funktion p-ter Ordnung bedeutet. Weitere Lösungen folgen durch Vertauschen von x und y. Auf diese Weise kann man auch in den beiden nächsten Abschnitten (A II 2, A II 3) die Temperaturen ϑ, Θ und den Wärmerückgewinn η durch unendliche Reihen mit BESSEL-Funktionen ausdrücken. Doch erwies sich die dort gewählte Form als bequemer für die Auswertung. Treten dagegen, wie im zweiten Teil Gl. (225) ff., Ableitungen von ϑ_0 und Θ_0 [s. Gl. (21)] nach x und y auf, so ist die Benutzung der BESSELschen Funktionen vorteilhaft.

Der Vollständigkeit halber sei hier noch ohne Ableitung eine weitere exakte Lösung angegeben, die man für vorgegebene Temperaturen am Eintritt beider Ströme $t_{x=0}(y)$, $T_{y=0}(x)$ nach dem Verfahren von RIEMANN erhält. Sie lautet

$$t = e^{-x} \left[t_{x=0}(y) + \int_0^y - i \sqrt{\frac{x}{z}} J_1 (2 x \sqrt{x\,z}) \, e^{-z} t_{x=0}(y - z) \, d z \right] +$$

$$+ e^{-y} \int_0^x J_0 (2 i \sqrt{z'\,y}) \, e^{-z'} T_{y=0}(x - z') \, d z' \,.$$

Der Wert für T ergibt sich durch gleichzeitiges Vertauschen von x und y, t und T, z und z'.

Die elegante Form dieser Lösung darf nicht darüber hinwegtäuschen, daß das Arbeiten mit dieser Beziehung meist sehr unbequem ist, da das Integral sich im allgemeinen nicht durch eine einfache bekannte Funktion darstellen läßt und zur Bestimmung des Wärmerückgewinns noch eine weitere Integration erforderlich ist.

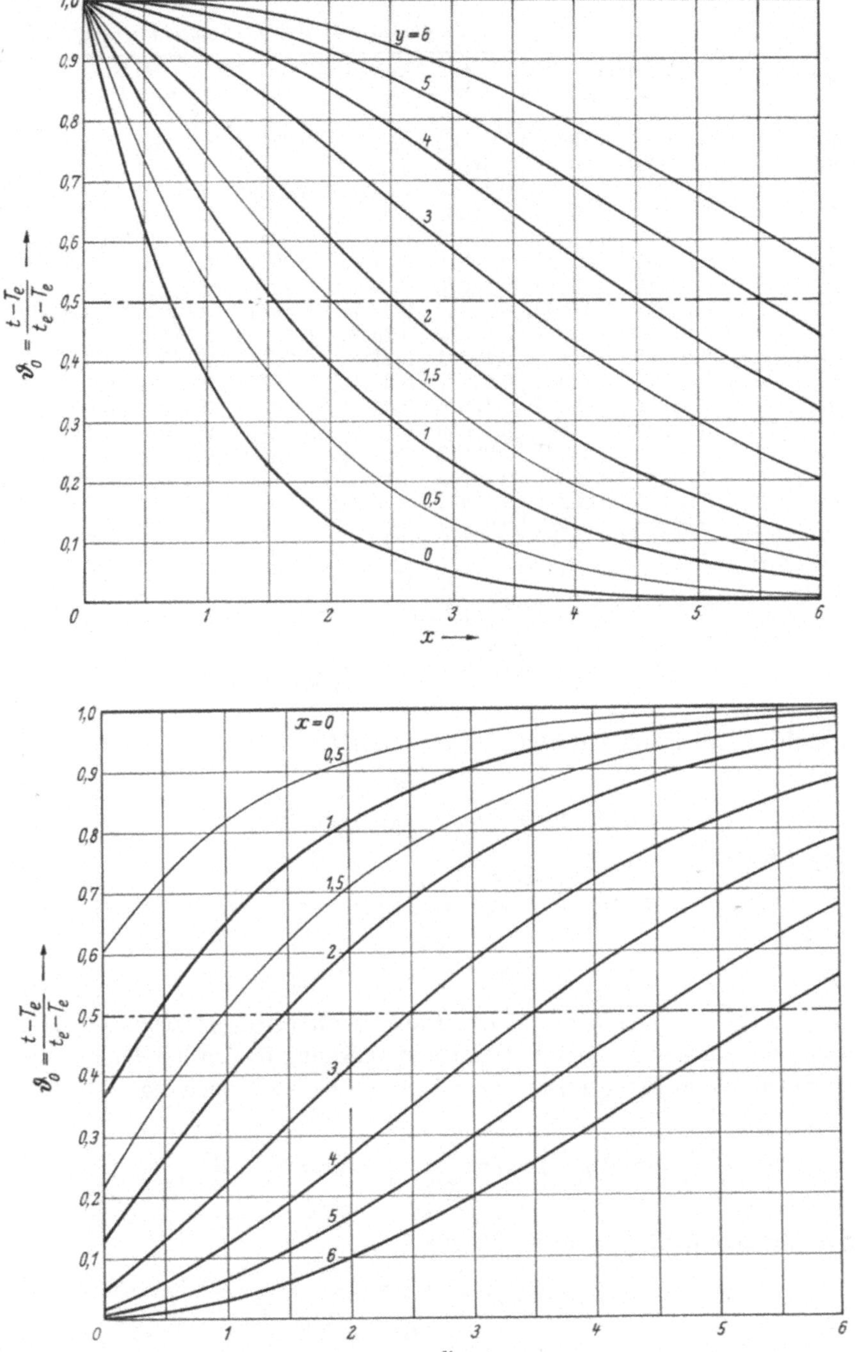

Abb. 9. Reduzierte Temperaturen $\vartheta_0 = (t - T_e)/(t_e - T_e)$ des ersten Stroms beim Kreuzstrom-Wärmeaustauscher mit konstanten Eintrittstemperaturen t_e und T_e, abhängig von den dimensionslosen Koordinaten $x = F_x k/W_{\mathrm{I}}$ und $y = F_y k/W_{\mathrm{II}}$ (s. Abb. 8). Die reduzierten Temperaturen $\Theta_0 = (T - T_e)/(t_e - T_e)$ des zweiten Stroms erhält man durch Vertauschen von x und y und Spiegelung an der Horizontalen $\vartheta_0 = 0,5$.

2 Kühl, Kreuzstrom-Wärmeaustauscher

Zahlentafel 1. *Wärmerückgewinn* $\eta_0(x_0, y_0)$

x_0 / y_0	0	0,25	0,5	0,75	1	1,5	2	2,5
0	0	0,22120	0,39347	0,52763	0,63212	0,77687	0,86466	0,91792
0,25	0	0,19857	0,35785	0,48559	0,58801	0,73592	0,83088	0,89178
0,5	0	0,17893	0,32634	0,44768	0,54749	0,69685	0,79742	0,86493
0,75	0	0,16186	0,29845	0,41352	0,51030	0,65973	0,76453	0,83765
1	0	0,14700	0,27374	0,38272	0,47622	0,62458	0,73241	0,81022
1,5	0	0,12265	0,23228	0,32986	0,41639	0,56017	0,67108	0,75572
2	0	0,10386	0,19936	0,28670	0,36620	0,50331	0,61425	0,70283
2,5	0	0,08918	0,17299	0,25130	0,32409	0,45343	0,56226	0,65248
3	0	0,07757	0,15169	0,22211	0,28867	0,40985	0,51517	0,60527
3,5	0	0,06827	0,13433	0,19791	0,25880	0,37187	0,47279	0,56146
4	0	0,06074	0,12006	0,17772	0,23351	0,33878	0,43484	0,52117
4,5	0	0,05456	0,10820	0,16074	0,21199	0,30994	0,40097	0,48434
5	0	0,04943	0,09827	0,14638	0,19359	0,28477	0,37078	0,45083
5,5	0	0,04512	0,08987	0,13413	0,17778	0,26276	0,34390	0,42044
6	0	0,04147	0,08271	0,12362	0,16411	0,24344	0,31995	0,39294
8	0	0,03123	0,06241	0,09354	0,12457	0,18624	0,24711	0,30685
10	0	0,02500	0,04999	0,07497	0,09993	0,14975	0,19937	0,24865

mit

$$S_\nu = \sum_{\mu=\nu}^{\infty} \frac{y^\mu}{\mu!} ,$$

$$\Theta_0 = e^{-x} e^{-y} \frac{\partial \Phi}{\partial x} = e^{-x} e^{-y} \sum_{\nu=0}^{\infty} \frac{x^\nu}{\nu!} S_{\nu+1} , \tag{23}$$

und schließlich für den Wärmerückgewinn $\eta_0(x_0, y_0)$

$$\eta_0(x_0, y_0) = 1 - \frac{1}{y_0} \int_0^{y_0} (\vartheta_0)_{x=x_0} \, dy . \tag{24}$$

Dabei ist

$$\left. \begin{aligned} x_0 &= \frac{Fk}{W_{\mathrm{I}}} , \\ y_0 &= \frac{Fk}{W_{\mathrm{II}}} . \end{aligned} \right\} \tag{25}$$

$\eta_0(x_0, y_0)$ ist allgemein der Wärmerückgewinn beim einfachen Kreuzstrom, der auf den in Richtung der ersten Kenngröße in der Klammer fließenden Strom bezogen ist. Unter Anwendung der Beziehung

$$\int_0^{y_0} \frac{y^m}{m!} e^{-y} \, dy = 1 - e^{-y_0} \sum_{\mu=0}^{m} \frac{y_0^\mu}{\mu!} = e^{-y_0} \sum_{\mu=m+1}^{\infty} \frac{y_0^\mu}{\mu!} , \tag{26}$$

folgt daraus mit $(\vartheta_0)_{x=x_0}$ nach Gl. (22)

$$\eta_0(x_0, y_0) = 1 - \frac{e^{-x_0} e^{-y_0}}{y_0} \sum_{\nu=0}^{\infty} \frac{x_0^\nu}{\nu!} S_\nu^* , \tag{27}$$

$$S_\nu^* = \sum_{\mu=\nu+1}^{\infty} (\mu - \nu) \frac{y_0^\mu}{\mu!} . \tag{28}$$

beim einfachen Kreuzstrom mit konstanten Eintrittstemperaturen

3	3,5	4	4,5	5	5,5	6	8	10
0,95021	0,96980	0,98168	0,98889	0,99326	0,99591	0,99752	0,99966	0,99995
0,93082	0,95581	0,97179	0,98201	0,98853	0,99269	0,99534	0,99924	0,99988
0,91014	0,94034	0,96046	0,97384	0,98272	0,98860	0,99249	0,99861	0,99975
0,88845	0,92360	0,94783	0,96446	0,97585	0,98362	0,98893	0,99773	0,99955
0,86601	0,90580	0,93402	0,95395	0,96797	0,97778	0,98463	0,99657	0,99926
0,81971	0,86769	0,90341	0,92983	0,94924	0,96344	0,97376	0,99327	0,99835
0,77275	0,82738	0,86969	0,90218	0,92696	0,94572	0,95985	0,98845	0,99685
0,72632	0,78604	0,83387	0,87182	0,90167	0,92497	0,94305	0,98192	0,99460
0,68129	0,74465	0,79688	0,83950	0,87397	0,90161	0,92361	0,97356	0,99143
0,63828	0,70398	0,75952	0,80598	0,84448	0,87611	0,90185	0,96329	0,98720
0,59766	0,66458	0,72242	0,77190	0,81379	0,84894	0,87817	0,95114	0,98179
0,55967	0,62687	0,68613	0,73781	0,78243	0,82060	0,85296	0,93715	0,97510
0,52438	0,59114	0,65103	0,70418	0,75089	0,79155	0,82662	0,92146	0,96707
0,49179	0,55752	0,61741	0,67140	0,71959	0,76221	0,79956	0,90423	0,95769
0,46180	0,52608	0,58545	0,63972	0,68885	0,73293	0,77211	0,88568	0,94702
0,36508	0,42144	0,47557	0,52715	0,57591	0,62166	0,66426		
0,29743	0,34552	0,39272	0,43880	0,48353	0,52673	0,56821		

Wegen ihres relativ einfachen Aufbaues und wegen ihrer, mindestens bei
den höheren Gliedern, sehr guten Konvergenz ist diese Formel für die
Berechnung von η_0 besser geeignet als andere bisher verwendete. Da für
die folgenden Rechnungen die Werte des Wärmerückgewinns beim einfachen Kreuzstrom mit sehr hoher Genauigkeit, auch für die Zwischenwerte, benötigt wurden, wurde die Berechnung nochmals durchgeführt[1].
Das Ergebnis zeigt Zahlentafel 1. Der Fehler ist bei den unmittelbar berechneten Werten kleiner als eine Einheit der letzten Dezimalstelle, bei
den interpolierten Werten meist wohl nicht größer als eine bis zwei Ein-
heiten der letzten Dezimalstelle.

Der Verlauf der Temperaturen t und T ist in Abb. 9 dargestellt. Er
ist unabhängig von x_0 und y_0. Man muß sich also nur die Kurven der
Abb. 9 jeweils bei $x = x_0$ und $y = y_0$ abgebrochen denken.

Für $y_0 \to 0$ wird

$$\eta_0 (x_0, 0) = 1 - e^{-x_0} . \tag{29}$$

Weiter ist bei konstanten Eintrittstemperaturen

$$\Theta_0 (x, y) = 1 - \vartheta_0 (y, x) , \tag{30}$$

und mit $w = W_{\mathrm{I}}/W_{\mathrm{II}} = y_0/x_0$

$$\eta_0 (y_0, x_0) = w\, \eta_0 (x_0, y_0) . \tag{31}$$

---

[1] Unmittelbar berechnet wurde der Wärmerückgewinn für folgende Kombina-
tionen von x_0 und y_0, wobei auch x_0 und y_0 vertauscht werden dürfen

$x_0 \qquad = 0\ 0{,}5\ 1\ 1{,}5\ 2\ 2{,}5\ 3\ 3{,}5\ 4\ 5\ 6$

mit $\quad y_0 = 0\ 1\ 2\ 3\ 4$

weiter

$x_0 \qquad = 0\ 0{,}5\ 1\ 1{,}5\ 2\ 3\ 4\ 6$

mit $\quad y_0 = 6\ 8\ 10$

und $\quad x_0 = 5$ mit $\quad y_0 = 6.$

2*

3. Lösung mit Potenzreihen bzw. Polynomen für die Eintrittstemperatur

Das in diesem Abschnitt beschriebene Verfahren ist immer noch recht langwierig und wurde nur zur Berechnung einiger Kontrollpunkte benutzt.

Um eine einfachere Lösung des allgemeinen Problems mit veränderlichen Eintrittstemperaturen zu erhalten, sollen zunächst die Grundgleichungen Gl. (10) der Wärmeübertragung im Kreuzstrom näher betrachtet werden. Wie man sich leicht durch Einsetzen überzeugen kann, können Maßstab und Nullwert der Temperatur t und T beliebig verändert werden, verschiedene Lösungen dürfen beliebig überlagert werden, man darf gleichzeitig t und T sowie x und y, d. h. beide Ströme, miteinander vertauschen. Ein weiteres wichtiges Ergebnis erhält man durch Integration beider Gleichungen:

Ist $t(x, y)$, $T(x, y)$ eine Lösung dieser Gleichungen, dann ist auch $\int t(x,y)\,dx$, $\int T(x,y)\,dx$ oder $\int t(x,y)\,dy$, $\int T(x,y)\,dy$ eine Lösung dieser Gleichungen. Dasselbe gilt für die entsprechenden Differentialquotienten.

Integriert man die eben gefundene Lösung für den einfachen Kreuzstrom $\vartheta_{x=0} = 1$; $\Theta_{y=0} = 0$ zwischen 0 und y über y, so erhält man eine Lösung für $\vartheta_{x=0} = y$, $\Theta_{y=0} = 0$, durch nochmalige Integration eine Lösung für $\vartheta_{x=0} = y^2/2!$; $\Theta_{y=0} = 0$ und so fort. Dabei sind ϑ und Θ normierte Temperaturen beider Ströme, die Definitionsgleichung für ϑ_0 und Θ_0 [Gl. (21)] gilt hier nicht mehr. Es ist also für

$$\vartheta_{x=0} = y; \quad \Theta_{y=0} = 0, \quad \vartheta^{(1)} = \int_0^y \vartheta_0(x, y^*)\,dy^*,$$

$$\Theta^{(1)} = \int_0^y \Theta_0(x, y^*)\,dy^*,$$

für

$$\vartheta_{x=0} = y^2; \quad \Theta_{y=0} = 0, \quad \vartheta^{(2)} = 2! \int_0^y \int_0^{y^{**}} \vartheta_0(x, y^*)\,dy^*\,dy^{**},$$

$$\Theta^{(2)} = 2! \int_0^y \int_0^{y^{**}} \Theta_0(x, y^*)\,dy^*\,dy^{**},$$

für

$$\vartheta_{x=0} = y^3; \quad \Theta_{y=0} = 0, \quad \vartheta^{(3)} = 3! \int_0^y \int_0^{y^{***}} \int_0^{y^{**}} \vartheta_0(x, y^*)\,dy^*\,dy^{**}\,dy^{***},$$

$$\Theta^{(3)} = 3! \int_0^y \int_0^{y^{***}} \int_0^{y^{**}} \Theta_0(x, y^*)\,dy^*\,dy^{**}\,dy^{***}$$

$$\left.\right\} \quad (32)$$

und so fort. Für den Wärmerückgewinn $\eta^{(\mu)}$ für $\vartheta_{x=0} = y^\mu$; $\Theta_{y=0} = 0$ gilt

$$\eta^{(\mu)}(x_0, y_0) = 1 - \frac{\int\limits_0^{y_0} \vartheta^{(\mu)}_{x=x_0} \, dy}{\int\limits_0^{y_0} \vartheta^{(\mu)}_{x=0} \, dy} = 1 - (\mu + 1) \frac{\int\limits_0^{y_0} \vartheta^{(\mu)}_{x=x_0} \, dy}{y_0^{\mu+1}} . \tag{33}$$

Speziell ist nach Gl. (32), (24), (33)

$$\vartheta^{(1)}(x, y) = y \, [1 - \eta_0(x, y)], \tag{34}$$

$$\eta^{(1)}(x_0, y_0) = 1 - \frac{2}{y_0^2} \int\limits_0^{y_0} y \, [1 - \eta_0(x_0, y)] \, dy . \tag{35}$$

Ist $\eta_0(x_0, y_0)$ in genügend engen Abständen von y_0 gegeben, so ist für die Zahlenrechnung die numerische Integration nach der SIMPSONschen Regel genügend genau und wesentlich bequemer als die Auswertung der unter Benutzung von Gl. (26) integrierten Reihen.

Sind $\vartheta^{(\mu)}(x, y)$, $\Theta^{(\mu)}(x, y)$ die Temperaturfunktionen für $\vartheta_{x=0} = y^\mu$, $\Theta_{y=0} = 0$, so erhält man die entsprechenden Funktionen $\overline{\vartheta}^{(\mu)}$, $\overline{\Theta}^{(\mu)}$ für $\vartheta_{x=0} = 0$; $\Theta_{y=0} = x^\mu$ durch gleichzeitiges Vertauschen von x und y und von ϑ und Θ, also

$$\overline{\vartheta}^{(\mu)} = \Theta^{(\mu)}(y, x); \quad \overline{\Theta}^{(\mu)} = \vartheta^{(\mu)}(y, x) . \tag{36}$$

Soweit die hier interessierenden Temperaturfunktionen der Eintrittstemperaturen $t_{x=0}(y)$, $T_{y=0}(x)$ durch unendliche Reihen dargestellt werden können, also in der Form

$$t_{x=0}(y) = \sum_{\mu=0}^{\infty} a_\mu \, y^\mu, \qquad T_{y=0}(x) = \sum_{\mu=0}^{\infty} b_\mu \, x^\mu, \tag{37}$$

lautet die allgemeine Lösung

$$\left. \begin{aligned} t(x, y) &= \sum_{\mu=0}^{\infty} [a_\mu \, \vartheta^{(\mu)}(x, y) + b_\mu \, \Theta^{(\mu)}(y, x)], \\ T(x, y) &= \sum_{\mu=0}^{\infty} [a_\mu \, \Theta^{(\mu)}(x, y) + b_\mu \, \vartheta^{(\mu)}(y, x)]. \end{aligned} \right\} \tag{38}$$

Offenbar begeht man nur einen ganz geringen Fehler, wenn man den tatsächlichen Verlauf durch ein Polynom (ganze rationale Funktion) annähert. Bei einem Polynom m-ten Grades tritt dann in Gl. (37), (38) m an die Stelle von ∞. Sucht man den Wärmerückgewinn, so ist die richtige Wiedergabe der Flächen $\int t_{x=0} \, dy$ bzw. $\int T_{y=0} \, dx$ entscheidend. Man teilt deshalb zweckmäßig y_0 bzw. x_0 in $m + 1$ gleiche Intervalle und bestimmt die Konstanten a_μ bzw. b_μ so, daß die Ersatzkurve in allen Intervallen den gleichen Mittelwert für $t_{x=0}$ bzw. $T_{y=0}$ ergibt wie die exakte Kurve.

Da dieses Verfahren, wie schon erwähnt, nur dazu benutzt wurde, um einige Kontrollpunkte zur Nachprüfung des später beschriebenen Näherungsverfahrens zu berechnen (s. S. 35), möge auf eine Beschreibung des Rechnungsganges im einzelnen verzichtet werden.

4. Lösung in geschlossener Form für einen Sonderfall

Im folgenden wird gezeigt, daß für den Grenzfall unendlich vieler Stufen bei Anordnung E, Abb. 2, eine einfache Lösung existiert. Selbstverständlich ist der Grenzfall unendlich vieler Stufen bei endlicher Größe der Einzelstufen nicht realisierbar. Der hierfür errechnete Wärmerückgewinn der Einzelstufe wird aber bei den späteren Untersuchungen eine wesentliche Rolle spielen.

Setzt man in Gl. (14)

$$\Phi(x, y) = \varphi(x)\,\psi(y),\tag{39}$$

so erhält man mit $\varphi'(x) = \dfrac{d\varphi}{dx}$, $\psi'(y) = \dfrac{d\psi}{dy}$

$$\frac{\varphi'(x)}{\varphi(x)} = \frac{\psi(y)}{\psi'(y)}.\tag{40}$$

Für eine allgemeine Lösung muß also

$$\frac{\varphi'(x)}{\varphi(x)} = C_1; \qquad \frac{\psi'(y)}{\psi(y)} = \frac{1}{C_1}\tag{40a}$$

sein, wenn C_1 eine beliebige Konstante ist. Daraus folgt mit den Konstanten C', C''

$$\varphi(x) = C'\,e^{C_1 x}; \qquad \psi(y) = C''\,e^{\frac{y}{C_1}}.\tag{41}$$

Mit der neuen Konstanten $C_2 = C'C''$ wird damit nach Gl. (12), (13), wobei der Nullpunkt der Temperatur beliebig verschoben werden kann,

$$t = e^{-(x+y)}\,\varphi(x)\,\psi(y) = C_2\,e^{-(1-C_1)x}\,e^{\frac{1-C_1}{C_1}y},\tag{42}$$

$$T = e^{-(x+y)}\,\varphi'(x)\,\psi(y) = C_1 C_2\,e^{-(1-C_1)x}\,e^{\frac{1-C_1}{C_1}y}.\tag{42a}$$

Diese Lösung zeichnet sich dadurch aus, daß in beiden Strömen die Temperaturen am Austritt sich von denen am Eintritt nur je durch einen konstanten Faktor unterscheiden. Es ist nämlich

$$t_{x=x_0} = t_{x=0}\, e^{-(1-C_1)\,x_0}; \qquad T_{y=y_0} = T_{y=0}\, e^{\frac{1-C_1}{C_1}\,y_0}. \tag{43}$$

Hier interessiert, wie anschließend gezeigt wird, der Sonderfall, daß die eben genannten Faktoren in beiden Strömen umgekehrt gleich sind, also daß $t_{x=x_0}/t_{x=0} = T_{y=0}/T_{y=y_0}$ ist. Daraus folgt mit Gl. (25)

$$C_1 = y_0/x_0 = W_\mathrm{I}/W_\mathrm{II} = w. \tag{43a}$$

Die zunächst unbestimmte Konstante C_1 ist hier also gleich dem Verhältnis $W_\mathrm{I}/W_\mathrm{II}$ der Wasserwerte beider Ströme.

Schaltet man mehrere solcher Wärmeaustauscher derart in Reihe, daß die Eintrittstemperaturen in die folgende Stufe im Koordinatensystem der jeweiligen Stufe gleich den Austrittstemperaturen aus der vorhergehenden Stufe sind (Anordnung E, Abb. 2), dann unterscheiden sich sämtliche Temperaturen in aufeinanderfolgenden Stufen ebenfalls nur um den konstanten Faktor $e^{-(1-w)x_0}$. Wie später gezeigt wird, klingt der von den Grenzbedingungen an den Enden einer Reihe herrührende Temperatureinfluß nach innen schnell ab. Der hier gefundene, bis auf einen konstanten Faktor in aufeinanderfolgenden Stufen identische Temperaturverlauf ist also die Grenzfunktion der Temperaturen, der sich die tatsächlichen Temperaturen in den einzelnen Stufen einer Reihe in der betrachteten Anordnung um so stärker nähern, je weiter die betreffende Stufe von beiden Enden der Reihe entfernt ist.

Der Grenzfunktion der Temperatur entspricht ein Wärmerückgewinn, der als Grenzwert η_∞ des Wärmerückgewinns bei unendlich vielen in Reihe geschalteten Stufen für die Anordnung E betrachtet werden kann. Mit den mittleren Eintrittstemperaturen t_e, T_e und der mittleren Austrittstemperatur t_a nach Gl. (42), (42a), (43a)

$$\left.\begin{aligned}
t_e &= \frac{C_2}{y_0}\int_0^{y_0} e^{\frac{1-w}{w}\,y}\,dy = \frac{C_2}{1-w}\,\frac{1}{x_0}\left(e^{(1-w)\,x_0} - 1\right), \\[2mm]
T_e &= \frac{C_2\,w}{x_0}\int_0^{x_0} e^{-(1-w)\,x}\,dx = \frac{w}{1-w}\,\frac{C_2}{x_0}\left(1 - e^{-(1-w)\,x_0}\right) \\[2mm]
&= t_e\,w\,e^{-(1-w)\,x_0}, \\[2mm]
t_a &= t_e\,e^{-(1-w)\,x_0},
\end{aligned}\right\} \tag{44}$$

erhält man den Wärmerückgewinn

$$\eta_\infty = \frac{t_e - t_a}{t_e - T_e} = \frac{1 - e^{-(1-w)\,x_0}}{1 - w\,e^{-(1-w)\,x_0}}. \tag{45}$$

Dieser Ausdruck ist identisch mit dem früher in Gl. (4) angegebenen Wärmerückgewinn des reinen Gegenstroms. Daraus folgt das interessante Ergebnis, daß bei der Anordnung E (Abb. 2) der Ausnutzungsfaktor ε sich mit zunehmender Stufenzahl bei gleicher Größe der Einzelstufe dem Wert 1 nähert.

Für den Sonderfall $w = 1$ erhält man aus Gl. (42), (42a) durch Grenzwertbestimmung mit $C_2 = C_2'/(1 - w)$ und Verschieben des Nullpunktes der Temperatur[1] einen über x und y linearen Temperaturverlauf

$$t = C_2'(1 + y - x),$$

$$T = C_2'(y - x).$$

Die Temperaturdifferenz $t - T$ ist hier also, wie beim reinen Gegenstrom, konstant.

5. Der partielle Wärmerückgewinn

Für manche Betrachtungen erweist sich der Begriff des partiellen Wärmerückgewinns als vorteilhaft, der allerdings nur im zweiten Teil unmittelbar benutzt wird. Da Temperaturfunktionen, die die Grundgleichung Gl. (10) des Kreuzstrom-Wärmeaustauschers befriedigen, beliebig überlagert werden dürfen, kann man den Begriff des Wärmerückgewinnes sinngemäß auch auf eine Teilwärmemenge d^2q', die in einem beliebigen Punkt x, y des Wärmeaustauschers einem der beiden Ströme zugeführt wird, übertragen. Ist dabei d^2q'' die an den anderen Strom abgeführte Wärmemenge, so soll das Verhältnis $\eta_{00} = d^2q''/d^2q'$ als partieller Wärmerückgewinn bezeichnet werden.

Da offenbar die Temperaturen des zwischen 0 und x und des zwischen 0 und y gelegenen Teiles des Wärmeaustauschers (s. Abb. 8) durch die an der Stelle x, y zugeführte Wärmemenge nicht beeinflußt werden, ist η_{00} nur von den Abständen $x_0 - x$ und $y_0 - y$ vom Austritt aus dem Wärmeaustauscher abhängig.

Es ist also

$$(\eta_{00})_{x,y} = \eta_{00}(x_0 - x, y_0 - y).$$
(46)

Der partielle Wärmerückgewinn $\eta_{00\,\mathrm{I}}$ für eine dem ersten Strom zugeführte Wärmemenge könnte in ähnlicher Weise wie oben der normale Wärmerückgewinn bestimmt werden, einfacher ist jedoch das folgende Verfahren: Man betrachtet einen Kreuzstrom-Wärmeaustauscher mit den konstanten Eintrittstemperaturen $\vartheta_{x=0} = 1$; $\Theta_{y=0} = 0$ (s.S. 16). Diese Temperaturverteilung kann man sich auch dadurch entstanden denken, daß man, ausgehend von zwei Strömen mit gleicher konstanter

---

[1] Einfacher unmittelbar aus Gl. (10) z. B. durch den Ansatz $t = \varphi(x) + \psi(y)$.

Temperatur $\vartheta = \Theta = 0$, die Strecke zwischen 0 und y_0 auf der y-Achse in einzelne Elemente dy aufteilt und in jedem dieser Elemente dem ersten Strom soviel Wärme zuführt, daß $\vartheta_{x=0}$ von 0 auf 1 steigt. Die in einem beliebigen Element zwischen y und $y + dy$ dem ersten Strom zugeführte Wärmemenge ist proportional $1 \cdot dy$, die davon am Austritt noch im gleichen Strom enthaltene Wärmemenge ist proportional $d\vartheta_a y_0$, wenn $d\vartheta_a$ den Mittelwert der Änderung der Austrittstemperatur bedeutet, die durch die betrachtete Wärmezufuhr bewirkt wird. Nun ist definitionsgemäß $(\eta_{00\,\mathrm{I}})_{0,\,y} = (dy - d\vartheta_a y_0)/dy$ also

$$d\vartheta_a = \frac{dy}{y_0}\,[1 - (\eta_{00\,\mathrm{I}})_{0,\,y}]\,.$$

Die mittlere Austrittstemperatur ϑ_a folgt daraus durch Integration

$$\vartheta_a = \frac{1}{y_0}\int\limits_0^{y_0}[1 - (\eta_{00\,\mathrm{I}})_{0,\,y}]\,dy\,. \tag{47}$$

Andererseits ist ϑ_a der Mittelwert der Temperatur ϑ_0 des ersten Stroms nach Gl. (22) bei $x = x_0$

$$\vartheta_a = \frac{1}{y_0}\int\limits_0^{y_0}\vartheta_0\,(x_0,\,y)\,dy\,. \tag{47a}$$

Es ist also $1 - (\eta_{00\,\mathrm{I}})_{0,\,y}$ entweder gleich $(\vartheta_0)_{x_0,\,y}$ oder es ist wegen

$$\int\limits_0^{\xi_0}f(\xi_0 - \xi)\,d\xi = \int\limits_0^{\xi_0}f(\xi)\,d\xi: \qquad 1 - (\eta_{00\,\mathrm{I}})_{0,\,y} = \vartheta_0\,(x_0,\,y_0 - y)\,.$$

Mit Rücksicht auf Gl. (46) ist das letztere der Fall. Verschiebt man gleichzeitig das Koordinatensystem um den beliebigen Betrag x nach links, so erhält man

$$(\eta_{00\,\mathrm{I}})_{x,\,y} = 1 - \vartheta_0\,(x_0 - x,\,y_0 - y)\,. \tag{48}$$

Der entsprechende Wert $\eta_{00\,\mathrm{II}}$ für eine dem zweiten Strom zugeführte Wärmemenge ergibt sich daraus durch Vertauschen der Koordinaten mit Gl. (30) zu

$$(\eta_{00\,\mathrm{II}})_{x,\,y} = 1 - \vartheta_0\,(y_0 - y,\,x_0 - x) = \Theta_0\,(x_0 - x,\,y_0 - y)\,. \tag{48a}$$

Abb. 10 zeigt den Verlauf des partiellen Wärmerückgewinns $\eta_{00\,\mathrm{I}}$ und $\eta_{00\,\mathrm{II}}$. Man erkennt daraus sofort, daß der partielle Wärmerückgewinn $\eta_{00\,\mathrm{I}}$ bei unveränderten Werten von $x_0 - x$ mit sinkendem $y_0 - y$ ansteigt, d.h. um so größer wird, je näher am Austritt des anderen Stroms die Wärme zugeführt wird. Dasselbe gilt für den zweiten Strom. Der Grund hierfür ist leicht einzusehen. Ist etwa die Eintrittstemperatur des ersten Stroms, außer zwischen y und $y + dy$, gleich der Eintrittstemperatur des zweiten Stroms, so wird durch die mit dem ersten Strom zwischen y und $y + dy$ zugeführte Wärme der zweite Strom aufgeheizt, so daß seine Temperatur zwischen $y + dy$ und y_0 höher ist als die des ersten Stroms. Er gibt deshalb einen um so größeren Anteil der zunächst aufgenommenen Wärme wieder an den ersten Strom ab, je größer $y_0 - y$ ist.

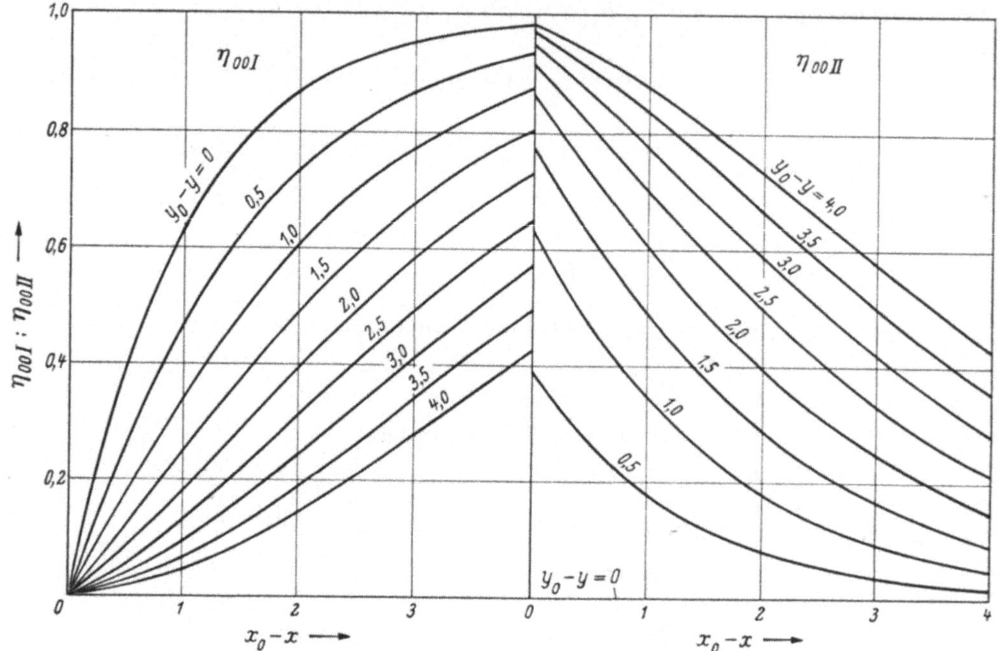

Abb. 10. Partieller Wärmerückgewinn $\eta_{00\,I}$, $\eta_{00\,II}$ für Wärmezufuhr im Punkt x, y im ersten bzw. zweiten Strom abhängig von den dimensionslosen Abständen $x_0 - x$ und $y_0 - y$ vom Austritt (x, x_0, y, y_0 siehe Abb. 8).

III. Vereinfachtes Verfahren zur Berücksichtigung des Temperaturverlaufs am Eintritt

1. Näherungsansätze

Aus den Überlegungen des letzten Abschnitts folgt: Je mehr bei gleichen mittleren Eintrittstemperaturen t_e, T_e beider Ströme die Unterschiede $t_{x-0} - T_e$, $t_e - T_{y-0}$ der örtlichen Eintrittstemperatur gegenüber der mittleren Eintrittstemperatur des anderen Stroms in Richtung der y- bzw. x-Achse zunehmen, desto höher wird der Wärmerückgewinn.

Die Temperaturunterschiede am Eintritt oder Austritt eines Kreuzstrom-Wärmeaustauschers sollen im folgenden durch die Unterschiede Δt bzw. ΔT zwischen der Mitteltemperatur längs der gesamten Breite y_0 bzw. x_0 (s. Abb. 8) und der Mitteltemperatur längs der ersten Hälfte von y_0 bzw. x_0 ausgedrückt werden:

$$\left.\begin{aligned}
\Delta t &= \frac{1}{y_0} \int\limits_0^{y_0} t\, dy - \frac{2}{y_0} \int\limits_0^{y_0/2} t\, dy\,, \\[2ex]
\Delta T &= \frac{1}{x_0} \int\limits_0^{x_0} T\, dx - \frac{2}{x_0} \int\limits_0^{x_0/2} T\, dx\,.
\end{aligned}\right\} \tag{49}$$

Die Unterschiede am Austritt Δt_a, ΔT_a setzen sich je aus drei Anteilen zusammen. Der erste Anteil $\Delta t_a'$ bzw. $\Delta T_a'$ erfaßt den bei konstanten Eintrittstemperaturen t_e, T_e entstehenden Temperaturunterschied am Austritt, der zweite Anteil $\Delta t_a''$, $\Delta T_a''$ den Einfluß des Temperaturunterschiedes Δt_e, ΔT_e am Eintritt des gleichen Stroms, der dritte Anteil $\Delta t_a'''$, $\Delta T_a'''$ den Einfluß des Temperaturunterschiedes am Eintritt des anderen Stromes. Diese Aufteilung ist zulässig, weil Temperaturfunktionen, die Gl. (10) befriedigen, beliebig überlagert werden dürfen (s. S. 20).

Man setzt nun

$$\left.\begin{aligned}
\Delta t_a' &= \omega_t (t_e - T_e)\,, & \Delta T_a' &= -\omega_T (t_e - T_e)\,, \\
\Delta t_a'' &= \sigma_t \Delta t_e\,, & \Delta T_a'' &= \sigma_T \Delta T_e\,, \\
\Delta t_a''' &= -\sigma_{Tt} \Delta T_e\,, & \Delta T_a''' &= -\sigma_{tT} \Delta t_e\,, \\
\Delta t_a &= \Delta t_a' + \Delta t_a'' + \Delta t_a'''\,, & \Delta T_a &= \Delta T_a' + \Delta T_a'' + \Delta T_a'''\,.
\end{aligned}\right\} \tag{50}$$

Von den neu eingeführten Faktoren ω_t, w_T, σ_t, σ_T, σ_{Tt}, σ_{tT} können die beiden ersten nach Gl. (24) sofort durch den Wärmerückgewinn η_0 des Kreuzstromes mit konstanten Eintrittstemperaturen (Zahlentafel 1) mit x_0, y_0 nach Gl. (25) ausgedrückt werden. Mit Gl. (24), (49) wird

$$\left.\begin{aligned}
\omega_t &= \omega_t (x_0,\, y_0) = \eta_0 \left(x_0,\, \frac{y_0}{2}\right) - \eta_0 (x_0,\, y_0)\,, \\[1ex]
\omega_T &= \omega_T (x_0,\, y_0) = \eta_0 \left(y_0,\, \frac{x_0}{2}\right) - \eta_0 (y_0,\, x_0) = \omega_t (y_0,\, x_0)\,.
\end{aligned}\right\} \tag{51}$$

Die Größen σ_t, σ_T, σ_{tT} und σ_{Tt} sind in erster Linie ebenfalls von x_0 und y_0 abhängig. Daneben ist aber tatsächlich noch ein kleiner Einfluß des Temperaturverlaufs vorhanden, der hier vernachlässigt wird (s. S. 29f., 34f.).

Die Temperaturunterschiede Δt_e und ΔT_e bewirken außerdem eine Änderung δt_a, δT_a der mittleren Austrittstemperaturen t_a und T_a. Ist $\delta t_a'$ die durch Δt_e verursachte Änderung von t_a, $\delta T_a'$ die durch ΔT_e verursachte Änderung von T_a so soll, ähnlich wie oben, gesetzt werden

$$\delta' t_a = -\tau_t \Delta t_e; \quad \delta' T_a = -\tau_T \Delta T_e. \tag{52}$$

Da die übertragene Wärmemenge in beiden Strömen dieselbe ist, werden mit $w = W_\mathrm{I}/W_\mathrm{II} = y_0/x_0$ die Gesamtänderungen δt_a bzw. δT_a der Austrittstemperaturen

$$\delta t_a = \delta' t_a - \frac{\delta' T_a}{w} = -\tau_t \Delta t_e + \frac{\tau_T}{w} \Delta T_e,$$
$$\delta T_a = \delta' T_a - w \delta' t_a = -\tau_I \Delta T_e + w \tau_t \Delta t_e. \tag{53}$$

Für τ_t und τ_T gilt das gleiche wie für σ_t, σ_T, σ_{tT}, σ_{Tt}.

2. Erstes Verfahren zur Bestimmung der Faktoren σ_t, σ_T, σ_{tT}, σ_{Tt}, τ_t, τ_T

Die erste Möglichkeit zur Bestimmung dieser Größen liegt in der Annahme eines linearen Verlaufs von t_{x-0} über y (bzw. T_{y-0} über x).

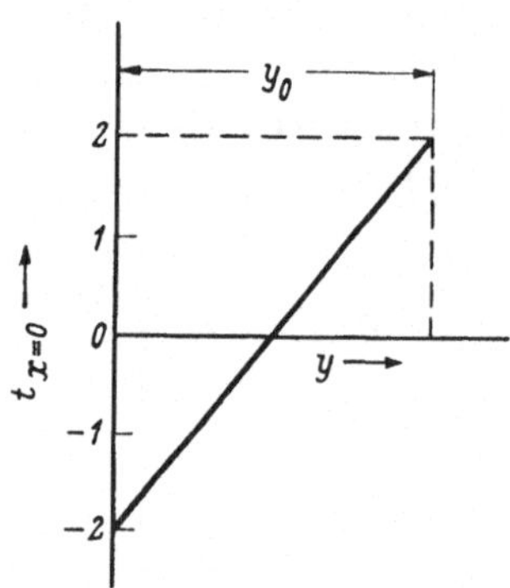

Da der Mittelwert der Eintrittstemperatur durch Δt nicht verändert werden darf, erhält man bei $T_{y-0} = 0$ für $\Delta t_e = 1$ den in Abb. 11 gezeichneten Verlauf von t_{x-0}, also

$$t_{x=0} = \frac{4}{y_0} y - 2, \tag{54}$$

den man sich durch Überlagerung von $t_{x-0} = -2$ und $t_{x-0} = 4y/y_0$ entstanden denken kann. Für eine Temperaturverteilung mit $t_{x-0} = -2$, $T_{y-0} = 0$ ist der Wärmerückgewinn gleich $\eta_0(\bar{x}, \bar{y})$ (Zahlentafel 1), für eine Temperaturverteilung mit $t_{x-0} = 4y/y_0$, $T_{y-0} = 0$ ist der Wärmerückgewinn gleich $\eta^{(1)}$ nach Gl. (35)

Abb. 11. Linearer Verlauf von t_{x-0} über y mit $\Delta t_e = 1$. Mitteltemperatur $= 0$.

$$\eta^{(1)}(\bar{x}, \bar{y}) = 1 - \frac{2}{\bar{y}^2} \int_0^{\bar{y}} y[1 - \eta_0(\bar{x}, y)]\, dy, \tag{55}$$

wenn man zunächst einen Wärmeaustauscher mit den allgemeinen Kenngrößen $\bar{x}$, $\bar{y}$ betrachtet, die sich von x_0, y_0 unterscheiden können. Die η_0 zugeordnete mittlere Eintrittstemperatur ist -2, die $\eta^{(1)}$ zugeordnete gleich $2\bar{y}/y_0$. Durch Überlagerung und mit Gl. (1) erhält man die mittlere Austrittstemperatur t_{l_a} zwischen 0 und $\bar{y}$ für $T_{y-0} = 0$, t_{x-0} nach Gl. (54)

$$t_{la}(\bar{x}, \bar{y}) = 2\frac{\bar{y}}{y_0}[1 - \eta^{(1)}(\bar{x}, \bar{y})] - 2[1 - \eta_0(\bar{x}, \bar{y})]$$
$$= 2\eta_0(\bar{x}, \bar{y}) - 2\frac{\bar{y}}{y_0}\eta^{(1)}(\bar{x}, \bar{y}) - 2\left(1 - \frac{\bar{y}}{y_0}\right). \tag{56}$$

Nun ist mit $\Delta t_e = 1$ und Gl. (49) definitionsgemäß

$$\tau_t = -t_{la}(x_0,\,y_0) = 2\,[\eta^{(1)}(x_0,\,y_0) - \eta_0(x_0,\,y_0)]\,, \tag{57}$$

$$\left.\begin{aligned}\sigma_t &= t_{la}(x_0,\,y_0) - t_{la}\left(x_0,\,\frac{y_0}{2}\right) = 1 + 2\,\eta_0(x_0,\,y_0) - \\ &\quad - 2\,\eta^{(1)}(x_0,\,y_0) + \eta^{(1)}\left(x_0,\,\frac{y_0}{2}\right) - 2\,\eta_0\left(x_0,\,\frac{y_0}{2}\right),\end{aligned}\right\} \tag{58}$$

$$-\sigma_{tT} = \frac{1}{x_0}\int\limits_0^{x_0} T(x,\,y_0)\,dx - \frac{2}{x_0}\int\limits_0^{x_0/2} T(x,\,y_0)\,dx\,.$$

Da die dem zweiten Strom zugeführte gleich der vom ersten Strom abgegebenen Wärmemenge und $\int\limits_0^{y_0} t_{x=0}\,dy = 0$ ist, folgt daraus

$$\left.\begin{aligned}\sigma_{tT} &= w\,t_{la}(x_0,\,y_0) - 2\,w\,t_{la}\left(\frac{x_0}{2},\,y_0\right) = 2\,w\,\times \\ &\times \left[2\,\eta^{(1)}\left(\frac{x_0}{2},\,y_0\right) - 2\,\eta_0\left(\frac{x_0}{2},\,y_0\right) + \eta_0(x_0,\,y_0) - \eta^{(1)}(x_0,\,y_0)\right].\end{aligned}\right\} \tag{59}$$

Weiter erhält man durch Vertauschen beider Ströme, also von t und T, x und y

$$\left.\begin{aligned}\tau_T &= \tau_T(x_0,\,y_0) = \tau_t(y_0,\,x_0)\,, \\ \sigma_T &= \sigma_T(x_0,\,y_0) = \sigma_t(y_0,\,x_0)\,, \\ \sigma_{Tt} &= \sigma_{Tt}(x_0,\,y_0) = \sigma_{tT}(y_0,\,x_0)\,.\end{aligned}\right\} \tag{60}$$

Da die so ermittelten Zahlenwerte für die verschiedenen Faktoren nicht unmittelbar für die Rechnung verwendet wurden, konnte auf ihre Wiedergabe verzichtet werden. Sie können aber indirekt aus Zahlentafel 2 entnommen werden, und zwar für $w = 0{,}25,\ 0{,}5,\ 0{,}75$ als Mittelwert der

beiden dort angegebenen Zahlenwerte (gl, sp), für $w = 1$ sind sie gleich dem Zahlenwert der zweiten Zeile (sp, siehe später).

Der Fehler, den man mit diesem vereinfachten Ansatz begeht, liegt darin, daß man den wirklichen Verlauf der Eintrittstemperaturen durch einen über x bzw.

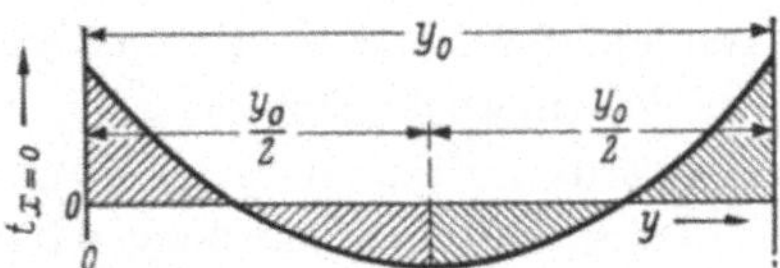

Abb. 12. Verlauf der beim Hinzufügen eines quadratischen Gliedes sich überlagernden Temperaturen $t_{x=0}$ abhängig von y (die schraffierten Flächen sind einander gleich).

y geradlinigen Verlauf ersetzt hat. Die nächstbessere Annäherung wäre die Parabel. In diesem Fall wäre dem geradlinigen Temperaturverlauf noch eine Temperaturkurve nach Abb. 12 überlagert, die sich aus der Forderung ergibt, daß die Mittelwerte zwischen 0 und $y_0/2$ und zwischen $y_0/2$ und y_0 zu Null werden. Wendet man auf diese Kurve die obigen allgemeinen Überlegungen über den Einfluß des Verlaufes von $t_{y=0}$ auf den Wärmerückgewinn an, so kommt man zu dem

Ergebnis, daß die positiven und negativen Flächen in Abb. 12 sich in ihrem Einfluß auf den Wärmerückgewinn weitgehend ausgleichen werden.

Ersetzt man die Parabel durch eine Kurve dritten Grades als Näherungskurve, so entspricht dies der zusätzlichen Überlagerung einer S-förmigen, die y-Achse dreimal schneidenden Temperaturkurve, für die das eben Gesagte in noch verstärktem Ausmaß zutrifft. Diese Überlegungen können für Kurven höheren Grades beliebig weitergeführt werden.

3. Zweites Verfahren zur Bestimmung der Faktoren σ_t, σ_T, σ_{tT}, σ_{Tt}, τ_t und τ_T

Ein zweites Verfahren zur Bestimmung der Faktoren σ_t, σ_T, σ_{tT}, σ_{Tt}, τ_t und τ_T erhält man auf Grund folgender Überlegung: Man denkt sich zwei gleiche Kreuzstrom-Wärmeaustauscher derart nebeneinander angeordnet, daß sie für den ersten Strom in Reihe, für den zweiten Strom parallel geschaltet sind (Abb. 13). Am Eintritt in die zweite Stufe besteht dann im waagrechten Strom der Temperaturunterschied Δt_2, dessen Einfluß auf die interessierenden Größen leicht zu verfolgen ist. Da man sich nämlich diese Anordnung durch einen einzigen Wärmeaustauscher mit dem doppelten Wert von x_0 ersetzt denken kann, können sämtliche mittleren Temperaturen durch die bekannten Werte des Wärmerückgewinns η_0 von Kreuzstrom-Wärmeaustauschern mit konstanten Eintrittstemperaturen ausgedrückt werden.

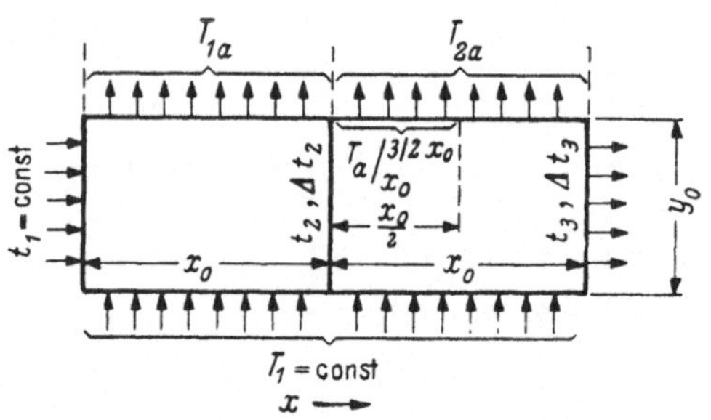

Abb. 13. Kombination zweier Kreuzstrom-Wärmeaustauscher mit Reihenschaltung für den ersten, Parallelschaltung für den zweiten Strom.

Ist η_1 der Wärmerückgewinn der ersten, η_2 derjenige der zweiten Stufe, so gilt mit den Bezeichnungen der Abb. 13, wobei alle Temperaturen Mittelwerte sind

$$t_2 - T_1 = (t_1 - T_1)(1 - \eta_1)\,, \qquad t_3 - T_1 = (t_1 - T_1)(1 - \eta_1)(1 - \eta_2)\,. \tag{61}$$

Bei konstanter Temperatur zwischen beiden Wärmeaustauschern $\Delta t_2 = 0$ wäre $\eta_2 = \eta_1 = \eta_0(x_0, y_0)$. Denkt man sich beide Wärmeaustauscher durch einen einzigen mit dem doppelten Wert von x_0 ersetzt, so erhält man für die tatsächliche Austrittstemperatur $t_3 - T_1 = (t_1 - T_1) [1 - \eta_0(2x_0, y_0)]$. Die durch den Temperaturunterschied Δt_2 am Eintritt in die zweite Stufe verursachte Änderung δt_3 von t_3 ist also

$$\delta t_3 = (t_1 - T_1) \{[1 - \eta_0(2x_0, y_0)] - [1 - \eta_0(x_0, y_0)]^2\}\,. \tag{62}$$

Nun ist nach Gl.(50) der Temperaturunterschied Δt_2 beim Austritt aus der ersten Stufe mit ω_t aus Gl.(51)

$$\Delta t_2 = \Delta t'_{a1} = \omega_t (t_1 - T_1) \, . \tag{63}$$

Weiter gilt für die zweite Stufe mit Gl.(52)

$$\delta t_3 = \delta t_{a2} = - \tau_t \Delta t_2 \, . \tag{63a}$$

Somit ist

$$\tau_t = - \frac{\delta t_3}{\Delta t_2} = \frac{1}{\omega_t} \left[\eta_0^2 (x_0, y_0) - 2 \eta_0 (x_0, y_0) + \eta_0 (2 x_0, y_0) \right] . \tag{64}$$

Weiter folgt σ_t aus der Differenz des tatsächlichen $\Delta t_3 = (t_1 - T_1)$ $\omega_t (2 x_0, y_0)$ und des von der zweiten Stufe herrührenden Anteiles

$$\Delta t'_3 = (t_2 - T_1) \omega_t (x_0, y_0) = (t_1 - T_1) [1 - \eta_0 (x_0, y_0)] \omega_t (x_0, y_0)$$

zu

$$\sigma_t = \frac{\Delta t_3 - \Delta t'_3}{\Delta t_2} = \frac{\omega_t (2 x_0, y_0) - \omega_t (x_0, y_0) [1 - \eta_0 (x_0, y_0)]}{\omega_t (x_0, y_0)} \, , \tag{65}$$

mit $\omega_t (x_0, y_0)$, $\omega_t (2 x_0, y_0)$ nach Gl.(51).

Der Temperaturunterschied ΔT_{1a} am Austritt des zweiten Stroms aus der ersten Stufe ist $- (t_1 - T_1) \omega_T (x_0, y_0)$ [s. Gl.(50)], der entsprechende Wert $\Delta T'_{2a}$ für die zweite Stufe bei konstanter Eintrittstemperatur ($\Delta t_2 = 0$) wäre

$$\left. \begin{aligned} \Delta T'_{2a} &= - (t_2 - T_1) \omega_T (x_0, y_0) \\ &= - (t_1 - T_1) \omega_T (x_0, y_0) [1 - \eta_0 (x_0, y_0)] \, . \end{aligned} \right\} \tag{66}$$

Der tatsächliche Temperaturunterschied ΔT_{2a} beim Austritt aus der zweiten Stufe folgt aus der Differenz der mittleren Austrittstemperatur T_{2a} des zweiten Stroms aus der zweiten Stufe und derjenigen in der ersten Hälfte der zweiten Stufe $T_a \big|_{x_0}^{3/2 x_0}$, also zwischen x_0 und $3/2 \, x_0$

$$\left. \begin{aligned} T_{2a} &= T_1 + (t_1 - T_1) [2 \eta_0 (y_0, 2 x_0) - \eta_0 (y_0, x_0)], \\ T_a \Big|_{x_0}^{3/2 x_0} &= T_1 + (t_1 - T_1) \left[3 \eta_0 \left(y_0, \frac{3}{2} x_0 \right) - 2 \eta_0 (y_0, x_0) \right], \end{aligned} \right\} \tag{67}$$

und mit $\eta_0 (\bar{y}, \bar{x}) = (\bar{y}/\bar{x}) \eta_0 (\bar{x}, \bar{y})$ (Gl. 31), $w = y_0/x_0$

$$\left. \begin{aligned} \Delta T_{2a} &= T_{2a} - T_a \Big|_{x_0}^{3/2 x_0} \\ &= (t_1 - T_1) w \left[\eta_0 (2 x_0, y_0) + \eta_0 (x_0, y_0) - 2 \eta_0 \left(\frac{3}{2} x_0, y_0 \right) \right] . \end{aligned} \right\} \tag{68}$$

Zahlentafel 2. *Koeffizienten* $\omega_t \tau_t$, $\omega_T \tau_T$, ω_t, ω_T, σ_t, σ_T, σ_{tT}, σ_{Tt}

$$w = 0{,}25$$

x_0		0	0,5	1	1,5	2	3	4
η_0		0	0,37512	0,58801	0,71614	0,79742	0,88845	0,93402
$\omega_t \tau_t$	gl	0	0,00011	0,00062	0,00119	0,00149	0,00138	0,00092
	sp	0	0,00011	0,00062	0,00119	0,00149	0,00139	0,00094
$\omega_T \tau_T$	gl	0	0,00016	0,00136	0,00389	0,00738	0,01496	0,02236
	sp	0	0,00016	0,00136	0,00393	0,00752	0,01648	0,02554
ω_t gl u. sp		0	0,0090	0,0216	0,0298	0,0335	0,0322	0,264
ω_T gl u. sp		0	0,0110	0,0319	0,0540	0,0744	0,1078	0,1327
σ_t	gl	1	0,607	0,3695	0,2249	0,1360	0,0458	0,0110
	sp	1	0,607	0,3685	0,2241	0,1354	0,0472	0,0128
σ_T	gl	1	0,885	0,7939	0,7264	0,6782	0,6172	0,5856
	sp	1	0,884	0,7891	0,7104	0,6444	0,5432	0,4682
σ_{tT}	gl	0	0,0009	0,0043	0,0098	0,0159	0,0269	0,0345
	sp	0	0,0009	0,0043	0,0098	0,0159	0,0269	0,0345
σ_{Tt}	gl	0	0,0032	0,0174	0,0385	0,0613	0,1004	0,1247
	sp	0	0,0032	0,0174	0,0413	0,0695	0,1292	0,1840

Zahlentafel 2 (Fortsetzung)

$$w = 0{,}50$$

x_0		0	0,5	1	1,5	2	3	4
η_0		0	0,3578	0,5475	0,6597	0,7324	0,8197	0,8697
$\omega_t \tau_t$	gl	0	0,00041	0,00219	0,00425	0,00562	0,00626	0,00543
	sp	0	0,00041	0,00219	0,00425	0,00564	0,00632	0,00557
$\omega_T \tau_T$	gl	0	0,00050	0,00366	0,00925	0,01595	0,02957	0,04181
	sp	0	0,00052	0,00374	0,00949	0,01647	0,03089	0,04405
ω_t gl u. sp		0	0,0173	0,0405	0,0564	0,0650	0,0687	0,0643
ω_T gl u. sp		0	0,0196	0,0526	0,0837	0,1100	0,1503	0,1794
σ_t	gl	1	0,608	0,3731	0,2295	0,1391	0,0405	−0,0041
	sp	1	0,608	0,3715	0,2275	0,1375	0,0425	0,0005
σ_T	gl	1	0,783	0,6290	0,5200	0,4402	0,3307	0,2557
	sp	1	0,782	0,6198	0,4992	0,4078	0,2795	0,1945
σ_{tT}	gl	0	0,0031	0,0148	0,0324	0,0515	0,0872	0,1150
	sp	0	0,0031	0,0152	0,0328	0,0521	0,0868	0,1140
σ_{Tt}	gl	0	0,0060	0,0293	0,0641	0,1012	0,1688	0,2215
	sp	0	0,0062	0,0311	0,0681	0,1104	0,1938	0,2655

Zahlentafel 2 (Fortsetzung)

$$w = 0{,}75$$

x_0		0	0,5	1	1,5	2	3	4
η_0		0	0,3416	0,5103	0,6077	0,6711	0,7494	0,7969
$\omega_t \tau_t$	gl	0	0,00082	0,00434	0,00845	0,01160	0,01460	0,01482
	sp	0	0,00082	0,00434	0,00845	0,01164	0,01474	0,01518
$\omega_T \tau_T$	gl	0	0,00092	0,00561	0,01245	0,01945	0,03129	0,04005
	sp	0	0,00092	0,00567	0,01263	0,01979	0,03193	0,04095
ω_t gl u. sp		0	0,0247	0,0570	0,0796	0,0934	0,1052	0,1065
ω_T gl u. sp		0	0,0264	0,0649	0,0969	0,1213	0,1542	0,1751
σ_t	gl	1	0,611	0,3795	0,2380	0,1464	0,0385	−0,0181
	sp	1	0,608	0,3755	0,2328	0,1418	0,0403	−0,0113
σ_T	gl	1	0,693	0,4952	0,3654	0,2724	0,1477	0,0641
	sp	1	0,691	0,4864	0,3474	0,2512	0,1271	0,0517
σ_{tT}	gl	0	0,0063	0,0291	0,0607	0,0942	0,1557	0,2067
	sp	0	0,0063	0,0297	0,0619	0,0956	0,1563	0,2047
σ_{Tt}	gl	0	0,0081	0,0385	0,0802	0,1246	0,2053	0,2727
	sp	0	0,0085	0,0401	0,0844	0,1314	0,2189	0,2905

Zahlentafel 2 (Fortsetzung)

$$w = 1{,}0$$

x_0		0	0,5	1	1,5	2	3	4
η_0		0	0,3263	0,4762	0,5602	0,6142	0,6813	0,7224
$\omega_t \tau_t$	gl	0	0,00131	0,00676	0,01316	0,01849	0,02519	0,02819
$\omega_T \tau_T$	sp	0	0,00132	0,00678	0,01322	0,01858	0,02537	0,02857
ω_t, ω_T gl u. sp		0	0,0315	0,0713	0,0996	0,1182	0,1384	0,1473
σ_t, σ_T	gl	1	0,612	0,3886	0,2506	0,1587	0,0436	−0,0242
	sp	1	0,612	0,3844	0,2451	0,1536	0,0428	−0,0209
σ_{tT}, σ_{Tt}	gl	0	0,0101	0,0449	0,0898	0,1354	0,2165	0,2844
	sp	0	0,0103	0,0455	0,0912	0,1374	0,2190	0,2846

gl = Verlauf der Eintrittstemperatur gleich Verlauf der Austrittstemperatur aus
der vorhergehenden Stufe bezogen auf die Koordinaten der betreffenden Stufe
(Anordnung D, E, zweiter Strom bei C, Abb. 2).

sp = Verlauf der Eintrittstemperatur gleich dem gespiegelten Verlauf der Austrittstemperatur aus der vorhergehenden Stufe (Anordnung A, B, erster Strom
bei C, Abb. 2).

Im zweiten Fall sind alle aufgeführten Koeffizienten (außer η_0) in die Gl. (75) ff.
mit negativem Vorzeichen einzusetzen. Die Koeffizienten für $w > 1$ sind gleich den
Koeffizienten für $1/w$ mit Vertauschung von t und T.

Zahlentafel 3. *Wärmerückgewinn nach Näherungsverfahren* $\eta_{\mathrm{N\ddot{a}h}}$,

Stufenzahl	2	2	2	2	4
Anordnung nach Abb. 2	A	B	B	B	D
x_0	4	4	4	2	2
y_0	4	4	2	4	4
$\eta_{\mathrm{N\ddot{a}h}}$	0,7002	0,7073	0,8580	0,8582	0,8830
η_{Kontr}	0,7002	0,7075	0,8581	0,8582	0,8831

Damit wird

$$\sigma_{tT} = -\frac{\Delta T_{2a} - \Delta T'_{2a}}{\Delta t_{2a}}$$

$$= \frac{w\left[2\,\eta_0\left(\frac{3}{2}\,x_0, y_0\right) - \eta_0(2\,x_0, y_0) - \eta_0(x_0, y_0)\right] - \omega_T(x_0, y_0)\left[1 - \eta_0(x_0, y_0)\right]}{\omega_t(x_0, y_0)}.$$

$$(69)$$

Die entsprechenden Werte τ_T, σ_T, σ_{Tt} folgen, wie oben, aus Gl. (60).

Diese Werte gelten exakt, wenn die Eintrittstemperatur einer Stufe über y bzw. x den gleichen Verlauf hat wie die Austrittstemperatur der gleichen Stufe bei konstanten Temperaturen am Eintritt. Sie sind demnach exakt richtig für die Anordnung D (Abb. 2) mit zwei Stufen[1].

Da offenbar bei nicht zu vielen Stufen die Austrittstemperatur auch in den folgenden Stufen einen ähnlichen Verlauf nehmen wird, wurden die oben ermittelten Werte in allen den Fällen für die Rechnung benutzt, in denen der Verlauf der Eintrittstemperatur in die folgende Stufe relativ zu den Koordinaten der betreffenden Stufe gleich dem der Austrittstemperatur aus der vorhergehenden ist (Anordnung D, E, zweiter Strom bei C, Abb. 2). Sie sind in Zahlentafel 2 jeweils in der ersten Zeile (gl) angegeben.

Für diejenigen Anordnungen (A, B, erster Strom bei C, Abb. 2), bei denen die Eintrittstemperatur der folgenden Stufe gleich der um die Gerade $y = y_0/2$ bzw. $x = x_0/2$ gespiegelten Austrittstemperatur aus der vorhergehenden ist, sind die eben berechneten Werte für die Koeffizienten τ_t, σ_t usw. nicht mehr gültig. Man kann aber auch hier eine wesentliche Verbesserung gegenüber den für linearen Temperaturverlauf berechneten Werten erzielen, wenn man annimmt, daß der Unterschied zwischen beiden Berechnungsarten in erster Linie durch das quadratische Zusatzglied im Temperaturverlauf (Abb. 12) bedingt ist. Da dieses bei einer Spiegelung unverändert bleibt, während das lineare Glied dabei

---

[1] Man könnte grundsätzlich diese Überlegungen auch auf mehr Stufen ausdehnen, doch wurde mit Rücksicht auf den nur geringfügigen Einfluß auf das Ergebnis hierauf verzichtet.

verglichen mit Kontrollwerten η_{Kontr}

∞	∞	∞	∞	∞	∞
A	A	B	B	D	D
4	4	4	4	4	4
4	2	4	2	4	2
0,6772	0,8327	0,6932	0,8486	0,7499	0,8986
0,6778	0,8330	0,6937	0,8488	0,7499	0,8979

sein Vorzeichen wechselt, ist der Unterschied der absoluten Werte der Koeffizienten τ_t, σ_t usw. bei Spiegelung gegenüber den für linearen Temperaturverlauf berechneten der gleiche wie der Unterschied der letzteren gegenüber den nach dem zweiten Verfahren berechneten. Sie sind ebenfalls in Zahlentafel 2, und zwar in der zweiten Zeile (sp) angegeben. Lediglich für $w = 1$ wurden die für linearen Verlauf ermittelten Werte benutzt, da hier vermutlich das Glied zweiten Grades durch das bei $w = 1$ sehr stark in umgekehrter Richtung wirkende Glied dritten Grades (s. Temperaturverlauf ϑ_0 über y nach Abb. 9) weitgehend ausgeglichen wird.

Eine Rechtfertigung für den Näherungsansatz mit konstanten Koeffizienten σ_t, τ_t usw. bringt ein Vergleich der Werte dieser Koeffizienten, die nach den beiden verschiedenen Verfahren erhalten wurden. Die Unterschiede sind für kleine Werte von x_0 und y_0 meist sehr klein und bleiben auch für die größten betrachteten Werte ohne größeren Einfluß auf das Ergebnis.

Zahlentafel 3 zeigt für einige Kontrollpunkte einen Vergleich der mit dem Näherungsverfahren (unter Verwendung der Formeln der folgenden Abschnitte) errechneten Werte des mittleren Wärmerückgewinnes einer Stufe mit Kontrollwerten, die nach dem oben auf S. 21f. skizzierten Verfahren ermittelt wurden. Obwohl hier die höchsten auftretenden Werte für x_0 bzw. y_0 betrachtet wurden, bleibt der Fehler für den Wärmerückgewinn wesentlich unter 0,001 (entsprechend etwa 0,004 für den Ausnutzungfsaktor ε) und bei kleineren Werten von x_0 bzw. y_0 wären die Fehler noch kleiner.

IV. Ableitung der Formeln für die verschiedenen Anordnungen von Kreuzgegenstrom-Wärmeaustauschern

1. Allgemeine Beziehungen

Im folgenden sind die n gleichen, in Reihe geschalteten und im Kreuzstrom arbeitenden Einzelstufen des Wärmeaustauschers stets in Richtung des ersten Stromes mit der Temperatur t numeriert (s. Abb. 14). Diese Bezifferung erscheint als Index. Die mittleren Eintrittstemperaturen der 1., 2. ... ν-ten ... n-ten Stufe werden mit t_1, t_2 ... t_ν ... t_n bzw. T_1, T_2 ... T_ν ... T_n bezeichnet. Da die zugehörigen mittleren Austrittstemperaturen gleich den Eintrittstemperaturen der in Stromrichtung nachgeschalteten Stufe sind, werden diese unter Ausdehnung des Schemas auf die äußersten Stufen t_2, t_3 ... $t_{\nu+1}$ ... t_{n+1} bzw. T_0, T_1 ... $T_{\nu-1}$ ...

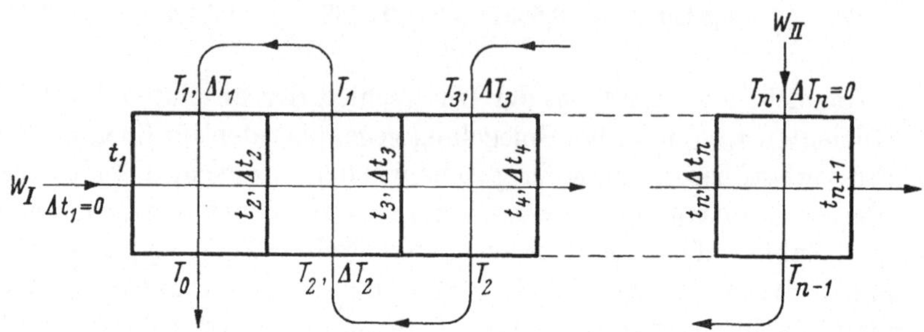

Abb. 14. Bezeichnungen der Mitteltemperaturen und Temperaturunterschiede am Eintritt und Austritt der einzelnen Stufen bei n in Reihe geschalteten Kreuzstrom-Wärmeaustauschern (unabhängig von der Schaltung des zweiten Stroms).

T_{n-1}. Das gleiche gilt sinngemäß für die Temperaturunterschiede Δt, ΔT. Beim Wärmerückgewinn dient außerdem, wie bisher, der Index Null zur Kennzeichnung des reinen Kreuzstroms mit konstanten Eintrittstemperaturen. Damit wird der Wärmerückgewinn für eine beliebige, die ν-te Stufe

$$\eta_\nu = \frac{t_\nu - t_{\nu+1}}{t_\nu - T_\nu}, \tag{70}$$

derjenige für die ganze Reihe

$$\eta_g = \frac{t_1 - t_{n+1}}{t_1 - T_n}. \tag{71}$$

Weiter ist nach Gl. (2) $w\,\eta_{\nu+1} = \dfrac{T_\nu - T_{\nu+1}}{t_{\nu+1} - T_{\nu+1}}$.
Zunächst folgt aus

$$t_{\nu+1} = t_\nu - (t_\nu - T_\nu)\,\eta_\nu, \tag{72}$$

$$T_\nu = T_{\nu+1} + (t_{\nu+1} - T_{\nu+1})\,w\,\eta_{\nu+1} \tag{73}$$

durch Addition

$$\frac{t_{\nu+1} - T_{\nu+1}}{t_\nu - T_\nu} = \frac{1 - \eta_\nu}{1 - w\,\eta_{\nu+1}}. \tag{74}$$

Man erkennt daraus zwei Tendenzen für die Änderung der Differenz der mittleren Eintrittstemperaturen von in Reihe geschalteten Wärmeaustauschern, nämlich eine Abnahme in Richtung des Stroms mit dem kleineren Wasserwert und eine Zunahme mit dem Wärmerückgewinn der betreffenden Stufe.

Nimmt man zunächst an, daß die Eintrittstemperatur der in Stromrichtung nachgeschalteten Stufe im Koordinatensystem der betreffenden Stufe den gleichen Verlauf hat wie die Austrittstemperatur aus der vorhergehenden, so nimmt Gl. (50) für eine beliebige Stufe die Form an

$$\Delta t_{\nu+1} = (t_\nu - T_\nu)\,\omega_t + \sigma_t \Delta t_\nu - \sigma_{Tt}\Delta T_\nu\,, \tag{75}$$

$$\left. \begin{aligned} \Delta T_{\nu-1} &= -(t_\nu - T_\nu)\,\omega_T + \sigma_T \Delta T_\nu - \sigma_{tT}\Delta t_\nu\,, \\ \Delta T_\nu &= -(t_{\nu+1} - T_{\nu+1})\,\omega_T + \sigma_T \Delta T_{\nu+1} - \sigma_{tT}\Delta t_{\nu+1}\,. \end{aligned} \right\} \tag{76}$$

Ist dagegen die Eintrittstemperatur in die nachfolgende Stufe gleich der an der Geraden $y = y_0/2$ bzw. $x = x_0/2$ gespiegelten Austrittstemperatur aus der vorhergehenden (Abb. 2, Anordnung A, B, erster Strom bei C), so wechselt in diesen Gleichungen die linke Seite das Vorzeichen. Man kann nun diesen Vorzeichenwechsel auch dadurch erreichen, daß man in diesem Fall die Koeffizienten ω_t, σ_t, σ_{tT}, ω_T, σ_T, σ_{Tt} mit negativem Vorzeichen einführt. Damit behalten die Gl. (75), (76) und die nachfolgend abgeleiteten Beziehungen ihre allgemeine Gültigkeit. Das Vorzeichen der Koeffizienten τ_t und τ_T bleibt unverändert.

Weiter folgt aus Gl. (72), (73) und (53)

$$t_{\nu+1} = t_\nu - (t_\nu - T_\nu)\,\eta_0 - \tau_t \Delta t_\nu + \frac{\tau_T}{w}\,\Delta T_\nu\,, \tag{77}$$

$$\left. \begin{aligned} T_{\nu-1} &= T_\nu + (t_\nu - T_\nu)\,w\,\eta_0 - \tau_T \Delta T_\nu + w\,\tau_t \Delta t_\nu\,, \\ T_\nu &= T_{\nu+1} + (t_{\nu+1} - T_{\nu+1})\,w\,\eta_0 - \tau_T \Delta T_{\nu+1} + w\,\tau_t \Delta t_{\nu+1}\,. \end{aligned} \right\} \tag{78}$$

Durch Addition der ersten und dritten Zeile und Auflösen nach $t_{\nu+1} - T_{\nu+1}$ erhält man schließlich

$$\left. \begin{aligned} t_{\nu+1} - T_{\nu+1} &= (t_\nu - T_\nu)\frac{1 - \eta_0}{1 - w\,\eta_0} + \frac{1}{1 - w\,\eta_0} \times \\ &\times \left(-\tau_t \Delta t_\nu - \tau_T \Delta T_{\nu+1} + \frac{\tau_T}{w}\,\Delta T_\nu + w\,\tau_t \Delta t_{\nu+1}\right). \end{aligned} \right\} \tag{79}$$

Der Wärmerückgewinn der ν-ten Stufe ergibt sich aus Gl. (70) und Gl. (77) zu

$$\eta_\nu = \eta_0 + \tau_t \frac{\Delta t_\nu}{t_\nu - T_\nu} - \frac{\tau_T}{w}\,\frac{\Delta T_\nu}{t_\nu - T_\nu}\,. \tag{80}$$

Vertauscht man beide Ströme, so ändert sich außer der Vertauschung von t und T auch die Richtung der Numerierung, an die Stelle von η_0 tritt $w\,\eta_0$, an die Stelle von w tritt $1/w$.

2. Zwei in Reihe geschaltete Kreuzstrom-Wärmeaustauscher

Bei zwei in Reihe geschaften Kreuzstrom-Wärmeaustauschern ist Δt_1 und $\Delta T_2 = 0$. Damit vereinfachen sich die Gl.(75), (76) und (79) auf

$$\Delta t_2 = (t_1 - T_1)\,\omega_t - \sigma_{Tt}\,\Delta T_1\,, \tag{81}$$

$$\Delta T_1 = -(t_2 - T_2)\,\omega_T - \sigma_{tT}\,\Delta t_2\,, \tag{82}$$

$$t_2 - T_2 = (t_1 - T_1)\,\frac{1 - \eta_0}{1 - w\,\eta_0} + \frac{1}{1 - w\,\eta_0}\left(\frac{\tau_T}{w}\,\Delta T_1 + w\,\tau_t\,\Delta t_2\right). \tag{83}$$

Aus den beiden letzten Gleichungen folgt nach Eliminierung von $t_2 - T_2$

$$\left(1 - w\,\eta_0 + \frac{\omega_T\,\tau_T}{w}\right)\Delta T_1$$
$$= -\omega_T\,(t_1 - T_1)\,(1 - \eta_0) - [w\,\omega_T\,\tau_t + \sigma_{tT}\,(1 - w\,\eta_0)]\,\Delta t_2\,,$$

und mit Δt_2 aus Gl.(81) und Auflösen nach ΔT_1

$$\Delta T_1 = -\omega_T\,(t_1 - T_1)\;\frac{1 - \eta_0 + w\,\omega_t\,\tau_t + \dfrac{\omega_t}{\omega_T}\,\sigma_{tT}\,(1 - w\,\eta_0)}{1 - w\,\eta_0 + \dfrac{\omega_T\,\tau_T}{w} - w\,\omega_T\,\tau_t\,\sigma_{Tt} - \sigma_{Tt}\,\sigma_{tT}\,(1 - w\,\eta_0)}\,, \tag{84}$$

und schließlich mit Gl.(80) der Wärmerückgewinn der ersten Stufe für die Anordnungen A, C, E (Abb. 2)

$$\eta_1 = \eta_0 + \frac{\omega_T\,\tau_T}{w}\;\frac{1 - \eta_0 + w\,\omega_t\,\tau_t + \dfrac{\omega_t}{\omega_T}\,\sigma_{tT}\,(1 - w\,\eta_0)}{1 - w\,\eta_0 + \dfrac{\omega_T\,\tau_T}{w} - w\,\omega_T\,\tau_t\,\sigma_{Tt} - \sigma_{Tt}\,\sigma_{tT}\,(1 - w\,\eta_0)}\,. \tag{85}$$

In ähnlicher Weise erhält man durch Auflösen der obigen Gleichungen nach Δt_2 den Wärmerückgewinn der zweiten Stufe

$$\eta_2 = \eta_0 + \omega_t\,\tau_t\;\frac{1 - w\,\eta_0 + \dfrac{\omega_T\,\tau_T}{w} + \dfrac{\omega_T}{\omega_t}\,\sigma_{Tt}\,(1 - \eta_0)}{1 - \eta_0 + w\,\omega_t\,\tau_t - \dfrac{\omega_t\,\tau_T}{w}\,\sigma_{tT} - \sigma_{tT}\,\sigma_{Tt}\,(1 - \eta_0)}\,. \tag{86}$$

Für diese beiden Werte η_1 und η_2 bestimmt man in der auf S. 9 beschriebenen Weise die Ausnutzungsfaktoren ε_1 und ε_2. Der Ausnutzungsfaktor ε der Gesamtanordnung ist dann nach Gl.(9) gleich dem Mittelwert $(\varepsilon_1 + \varepsilon_2)/2$.

Für $w = 1$, Anordnung A und E (Abb. 2) vereinfachen sich Gl.(85) und (86) mit $\omega_T = \omega_t$, $\tau_T = \tau_t$, $\sigma_{Tt} = \sigma_{tT}$ auf

$$\eta_1 = \eta_2 = \eta_0 + \frac{\omega_t\,\tau_t}{1 - \sigma_{tT}}\,. \tag{87}$$

Bei den Anordnungen B und D (Abb. 2) wird wegen der hier stattfindenden Vermischung $\Delta T_1 = 0$. Man erhält damit aus Gl. (80), (81) und (83)

$$\eta_1 = \eta_0 ,$$

$$\eta_2 = \eta_0 + \omega_t \tau_t \frac{1 - w \eta_0}{1 - \eta_0} \; \frac{1}{1 + \dfrac{w \omega_t \tau_t}{1 - \eta_0}} . \tag{88}$$

Für $w = 1$ s. a. Gl. (130).

3. Grenzwert für sehr viele in Reihe geschaltete Kreuzstrom-Wärmeaustauscher

Die Temperaturverteilung in den inneren Stufen einer aus genügend vielen Einzelstufen bestehenden Reihe nähert sich, wie später auf S. 44 ff. gezeigt werden soll, immer mehr einer Grenzfunktion, deren Wärmerückgewinn η_∞ den Grenzwert des Wärmerückgewinns für unendlich viele Stufen darstellt. Diese Temperaturverteilung ist dadurch gekennzeichnet, daß — abgesehen von einem additiven Glied — der Temperaturverlauf in allen Stufen ähnlich ist. Es ist also insbesondere

$$\frac{\Delta t_{\nu+1}}{t_{\nu+1} - T_{\nu+1}} = \frac{\Delta t_\nu}{t_\nu - T_\nu} ; \quad \frac{\Delta T_{\nu+1}}{t_{\nu+1} - T_{\nu+1}} = \frac{\Delta T_\nu}{t_\nu - T_\nu} . \tag{89}$$

Schreibt man zur Abkürzung

$$\frac{t_{\nu+1} - T_{\nu+1}}{t_\nu - T_\nu} = r,$$

so nehmen die Gl. (75), (76) und (79) damit folgende Form an

$$r \, \Delta t_\nu = (t_\nu - T_\nu) \, \omega_t + \sigma_t \Delta t_\nu - \sigma_{Tt} \, \Delta T_\nu , \tag{90}$$

$$\frac{\Delta T_\nu}{r} = -(t_\nu - T_\nu) \, \omega_T + \sigma_T \Delta T_\nu - \sigma_{tT} \Delta t_\nu , \tag{91}$$

$$r = \frac{1 - \eta_0}{1 - w \eta_0} + \frac{1}{t_\nu - T_\nu} \; \frac{1}{1 - w \eta_0} \left[\Delta t_\nu \tau_t (w r - 1) - \Delta T_\nu \tau_T \left(r - \frac{1}{w} \right) \right] . \tag{92}$$

Aus Gl. (90) und (91) folgt

$$\frac{\Delta t_\nu}{t_\nu - T_\nu} = \omega_t \frac{1 - r \left(\sigma_T - \sigma_{Tt} \dfrac{\omega_T}{\omega_t} \right)}{(r - \sigma_t)(1 - r \sigma_T) - r \sigma_{tT} \sigma_{Tt}} , \tag{93}$$

$$\frac{\Delta T_\nu}{t_\nu - T_\nu} = -\omega_T \frac{r^2 - r \left(\sigma_t - \sigma_{tT} \dfrac{\omega_t}{\omega_T} \right)}{(r - \sigma_t)(1 - r \sigma_T) - r \sigma_{tT} \sigma_{Tt}} . \tag{93 a}$$

Durch Einsetzen dieser Werte in Gl. (92) erhält man eine Gleichung dritten Grades für r [Einfacheres Näherungsverfahren s. S. 41. Fall B und D (Abb. 2) s. S. 41 f., Fall E S. 24]

$$r^3 + a_1 r^2 + a_2 r + a_3 = 0 ,\tag{94}$$

mit

$$a_1 = -\frac{1 + \sigma_t \sigma_T - \sigma_{tT}\sigma_{Tt} + \dfrac{1-\eta_0}{1-w\eta_0}\sigma_T + \dfrac{\omega_t \tau_t}{1-w\eta_0} w\left(\sigma_T - \sigma_{Tt}\dfrac{\omega_T}{\omega_t}\right) +}{\sigma_T + \dfrac{\omega_T \tau_T}{1-w\eta_0}}$$

$$\frac{+ \dfrac{\omega_T \tau_T}{1-w\eta_0}\left(\sigma_t - \sigma_{tT}\dfrac{\omega_t}{\omega_T} + \dfrac{1}{w}\right)}{\sigma_T + \dfrac{\omega_T \tau_T}{1-w\eta_0}} ,$$

$$a_2 = \frac{(1 + \sigma_t \sigma_T - \sigma_{tT}\sigma_{Tt})\dfrac{1-\eta_0}{1-w\eta_0} + \sigma_t + \dfrac{\omega_t \tau_t}{1-w\eta_0}\left(\sigma_T - \sigma_{Tt}\dfrac{\omega_T}{\omega_t} + w\right) +}{\sigma_T + \dfrac{\omega_T \tau_T}{1-w\eta_0}}$$

$$\frac{+ \dfrac{\omega_T \tau_T}{1-w\eta_0}\dfrac{1}{w}\left(\sigma_t - \sigma_{tT}\dfrac{\omega_t}{\omega_T}\right)}{\sigma_T + \dfrac{\omega_T \tau_T}{1-w\eta_0}} ,$$

$$a_3 = \frac{\dfrac{1-\eta_0}{1-w\eta_0}\sigma_t + \dfrac{\omega_t \tau_t}{1-w\eta_0}}{\sigma_T + \dfrac{\omega_T \tau_T}{1-w\eta_0}} .$$

Es zeigt sich, daß diese Gleichung drei reelle Lösungen für r ergibt. Nach den bekannten Regeln für die Auflösung von Gleichungen dritten Grades erhält man mit den Koeffizienten

$$p = a_1^2/9 - a_2/3 ,$$

$$q = -a_1^3/27 + a_1 a_2/6 - a_3/2 ,$$

der durch den Ansatz $r = z - a_1/3$ reduzierten Gleichung $z^3 - 3pz - 2q = 0$ sowie

$$\varphi = \mathrm{arc}\,\cos \frac{q}{p\sqrt{p}} ,$$

folgende Lösungen:

$$\left.\begin{aligned}
r_1 &= -\frac{a_1}{3} + 2\sqrt{p}\,\cos\frac{\varphi}{3} , \\[4pt]
r_2 &= -\frac{a_1}{3} - 2\sqrt{p}\,\cos\left(60° - \frac{\varphi}{3}\right) , \\[4pt]
r_3 &= -\frac{a_1}{3} - 2\sqrt{p}\,\cos\left(60° + \frac{\varphi}{3}\right) .
\end{aligned}\right\}\tag{95}$$

Die Auswahl der richtigen Lösung r_∞ unter den drei angegebenen Lösungen bereitet keine Schwierigkeiten, da der gesuchte Wärmerückgewinn zwischen 0 und dem Wärmerückgewinn des reinen Gegenstroms liegen muß. Der Zusammenhang zwischen r_∞ und η_∞ folgt aus Gl. (74) zu

$$r_\infty = \frac{t'_{\nu+1} - T_{\nu+1}}{t'_\nu - T_\nu} = \frac{1 - \eta_\infty}{1 - w\,\eta_\infty} \, . \tag{96}$$

Es ist also, wenn η_{GS} [Gl. (4), (4 a)] den Wärmerückgewinn für Gegenstrom bedeutet, für $w < 1 : (1 - \eta_{GS})/(1 - w\eta_{GS}) < r_\infty < 1$; für $w > 1 : 1 < < r_\infty < (1 - \eta_{GS})/(1 - w\,\eta_{GS})$.

Die zahlenmäßige Bestimmung von η_∞ aus Gl. (96) verlangt eine sehr genaue Berechnung von r_∞. Es ist deshalb meist bequemer, r_∞ in Gl. (93) und (93 a) einzusetzen und mit Gl. (80) η_∞ zu berechnen:

$$\eta_\infty = \eta_0 + \tau_t \frac{\varDelta t_\nu}{t'_\nu - T_\nu} - \frac{\tau_T}{w}\, \frac{\varDelta T_\nu}{t'_\nu - T_\nu} = \eta_0 + \delta\eta_{t\infty} + \delta\eta_{T\infty} \, . \tag{96 a}$$

Da die Gl. (96), insbesondere bei kleineren Werten von x_0 und y_0, eine recht gute Abschätzung von r_∞ ermöglicht, führt erfahrungsgemäß eine systematische Näherung, ausgehend von einem geschätzten r_∞ mit Gl. (93), (93 a) und (96 a) und Kontrolle mit Gl. (96) schneller zum Ziel als das Aufstellen und Auflösen der Gl. (94), vorausgesetzt, daß nicht auch die beiden anderen Lösungen dieser Gleichung benötigt werden (s. S. 45).

Dieses Verfahren ist für die Anordnungen A und C (Abb. 2) anzuwenden, während bei Anordnung E nach S. 24 der Wärmerückgewinn η_∞ exakt gleich dem des reinen Gegenstroms ist ($\varepsilon = 1$).

Für $w = 1$ wird $r_\infty = 1$; $\omega_T = \omega_t$. Bei der Anordnung A (und E) wird weiterhin $\tau_T = \tau_t$, $\sigma_T = \sigma_t$, $\sigma_{Tt} = \sigma_{tT}$, und Gl. (96) vereinfacht sich auf

$$\eta_\infty = \eta_0 + \frac{2\,\omega_t\tau_t}{1 - \sigma_t - \sigma_{tT}} \, . \tag{97}$$

Für die Anordnungen B und D wird wieder $\varDelta T_\nu = 0$, Gl. (91) entfällt. Aus Gl. (90) und (92) erhält man

$$\left.\begin{aligned}
&(t_\nu - T_\nu)\,\omega_t + \sigma_t\varDelta t_\nu \\[4pt]
&= \frac{1 - \eta_0}{1 - w\,\eta_0}\,\varDelta t_\nu + \frac{\varDelta t'_\nu}{t_\nu - T_\nu}\, \frac{\tau_t}{1 - w\,\eta_0}\,[w\,(t_\nu - T_\nu)\,\omega_t + w\,\sigma_t\varDelta t_\nu - \varDelta t_\nu]\,,
\end{aligned}\right\} \tag{98}$$

und durch Auflösen nach $\varDelta t_\nu$

$$\varDelta t_\nu = \frac{t'_\nu - T_\nu}{\tau_t}\left(D \underset{(+)}{-} \sqrt{D^2 - E}\right), \tag{99}$$

mit

$$D = \frac{(1 - \eta_0) + w\,\omega_t\tau_t - \sigma_t(1 - w\,\eta_0)}{2\,(1 - w\,\sigma_t)}\,, \qquad (99\,\text{a})$$

$$E = \omega_t\,\tau_t\,\frac{1 - w\,\eta_0}{1 - w\,\sigma_t}\,, \qquad (99\,\text{b})$$

schließlich mit Gl. (80)

$$\eta_\infty = \eta_0 + D \underset{(\overline{+})}{} \sqrt{D^2 - E}\,. \qquad (100)$$

Bei negativen Werten von A ist in Gl. (99), (100) das positive Vorzeichen vor der Wurzel zu benutzen.

Für $w = 1$ vereinfacht sich dieser Ausdruck auf

$$\eta_\infty = \eta_0 + \omega_t\,\tau_t/(1 - \sigma_t)\,, \qquad (100\,\text{a})$$

4. Beliebige Anzahl in Reihe geschalteter Kreuzstrom-Wärmeaustauscher

a) Anordnung B und D (Abb. 2). Da hier im allgemeinen Fall die Zusammenhänge sehr unübersichtlich sind, mögen zunächst die einfacheren Anordnungen B und D (Abb. 2) betrachtet werden. Mit $\varDelta T_{\nu+1} = \varDelta T_\nu = 0$ nehmen Gl. (75) und (79) die Form an

$$\varDelta t_{\nu+1} = (t_\nu - T_\nu)\,\omega_t + \sigma_t\varDelta t_\nu\,, \qquad (101)$$

$$t_{\nu+1} - T_{\nu+1} = (t_\nu - T_\nu)\,\frac{1 - \eta_0}{1 - w\,\eta_0} - \frac{\tau_t}{1 - w\,\eta_0}\,(\varDelta t_\nu - w\,t_{\nu+1})\,. \qquad (101\,\text{a})$$

Setzt man in die zweite Gleichung $\varDelta t_{\nu+1}$ aus der ersten ein und dividiert dann die erste durch die zweite Gleichung, so wird

$$\frac{\varDelta t_{\nu+1}}{t_{\nu+1} - T_{\nu+1}} = \frac{\omega_t + \sigma_t\,\dfrac{\varDelta t_\nu}{t_\nu - T_\nu}}{\dfrac{1 - \eta_0}{1 - w\,\eta_0} + \dfrac{w\,\omega_t\tau_t}{1 - w\,\eta_0} - \dfrac{\varDelta t_\nu}{t_\nu - T_\nu}\,\tau_t\,\dfrac{1 - w\,\sigma_t}{1 - w\,\eta_0}}\,. \qquad (102)$$

Drückt man weiter in dieser Gleichung $\varDelta t_{\nu+1}/(t_{\nu+1} - T_{\nu+1})$ und $\varDelta t_\nu/(t_\nu - T_\nu)$ nach Gl. (80) durch $\eta_{\nu+1}$ bzw. η_ν aus, so erhält man

$$\eta_{\nu+1} - \eta_0 = (1 - w\,\eta_0)\,\frac{\omega_t\tau_t + \sigma_t\,(\eta_\nu - \eta_0)}{1 - \eta_0 + w\,\omega_t\tau_t - (\eta_\nu - \eta_0)(1 - w\,\sigma_t)}\,, \qquad (103)$$

oder auch mit $\eta_2 - \eta_0$ aus Gl. (88)

$$\eta_{\nu+1} - \eta_0 = (\eta_2 - \eta_0)\,\frac{1 + \dfrac{\sigma_t}{\omega_t\tau_t}\,(\eta_\nu - \eta_0)}{1 - \dfrac{1 - w\,\sigma_t}{1 - \eta_0 + w\,\omega_t\tau_t}\,(\eta_\nu - \eta_0)}\,. \qquad (104)$$

Abb. 15 gibt eine anschauliche Darstellung der Veränderlichkeit des Wärmerückgewinns der einzelnen Stufen. Hier ist $\eta_{\nu+1} - \eta_0$ nach Gl. (104) über $\eta_\nu - \eta_0$ aufgetragen. Dabei erhält man bei Anordnung D (oben) eine von links nach rechts ansteigende, bei Anordnung B (unten) eine abfallende Kurve. Der Wärmerückgewinn der Einzelstufen ist aus dieser Darstellung unmittelbar ersichtlich. Meist sind die Kurven der Abb. 15 nur schwach gekrümmt. Ersetzt man sie in erster Näherung durch Gerade, so bilden die Differenzen $\eta_\infty - \eta_\nu$ gegenüber dem Wärmerückgewinn η_∞ bei unendlich vielen Stufen eine geometrische Reihe

$$\eta_\infty - \eta_\nu \approx (\eta_\infty - \eta_0)\, b^{\nu-1}, \tag{105}$$

wobei die Konstante b bei Anordnung D positiv, bei Anordnung B negativ ist. Bei Anordnung D ist also $\eta_\infty - \eta_\nu$ stets positiv, bei Anordnung B ($\eta_\infty - \eta_0$ negativ) für ungerade Werte von ν negativ, für gerade Werte von ν positiv. Die Werte von η_ν nähern sich also mit zunehmenden ν immer mehr dem Grenzwert η_∞, bei Anordnung D stetig, bei Anordnung B um den Grenzwert hin und her pendelnd.

b) Allgemeine Lösung. Im allgemeinen Fall (Anordnung A, C, D) besteht zwar grundsätzlich die Möglichkeit, durch Ansetzen der Gleichungen (75), (76), (79) für die einzelnen Stufen ein lineares Gleichungssystem zu erhalten [$3\,(n-1)$ Gleichungen bei n Stufen], durch deren Auflösung der Wärmerückgewinn bestimmt werden kann. Schon bei drei Stufen wird aber die Lösung zu kompliziert, um für die praktische Auswertung in Frage zu kommen. Lediglich für den symmetrischen Sonderfall der Anordnungen A und D bei $w = 1$ erhält man mit $\varDelta T_2 = -\varDelta t_2$; $\varDelta T_1 = -\varDelta t_3$ eine brauchbare Beziehung

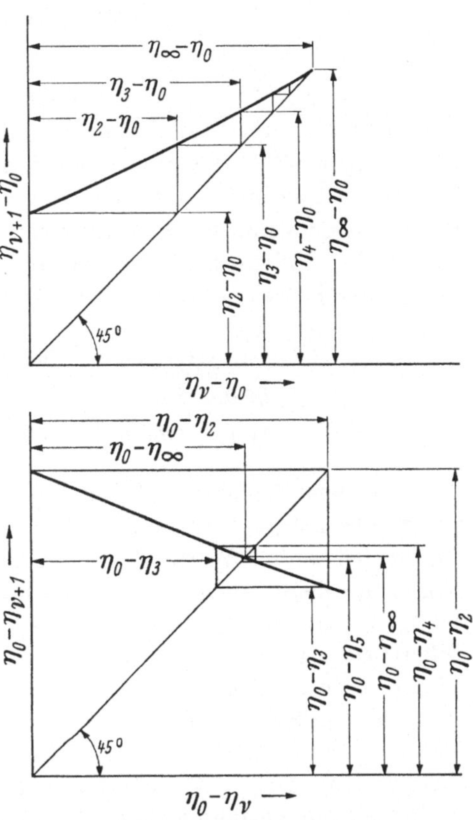

Abb. 15. Darstellung des Verlaufs des Wärmerückgewinns der Einzelstufen bei in Reihe geschalteten Kreuzstrom-Wärmeaustauschern nach Anordnung D (Abb. 2) (oben) und B (unten) unter Benutzung von Gl. (104).

$$\eta_1 = \eta_3 = \eta_0 + \omega_t \tau_t \frac{1 + \sigma_t + \sigma_{tT} + \dfrac{2\,\omega_t \tau_t}{1 - \eta_0}}{1 + \dfrac{\omega_t \tau_t}{1 - \eta_0} - \sigma_{tT}\left(\sigma_t + \sigma_{tT} + \dfrac{2\,\omega_t \tau_t}{1 - \eta_0}\right)} , \qquad (106)$$

$$\eta_2 = \eta_0 + 2\,\omega_t \tau_t \frac{1 + \sigma_{tT} + \dfrac{\tau_t \omega_t}{1 - \eta_0}}{1 + \dfrac{2\,\omega_t \tau_t}{1 - \eta_0} - (\sigma_t + \sigma_{tT})\left(\sigma_{tT} + \dfrac{\tau_t \omega_t}{1 - \eta_0}\right)} . \qquad (106\,\mathrm{a})$$

Zur Berechnung des Wärmerückgewinns für die Anordnungen A, C und E mit mehr als zwei Stufen wurde, außer für $w = 1$, folgende einfache Näherung benützt, die die vorherige Bestimmung der entsprechenden Werte der Anordnungen B und D voraussetzt. Dabei bedeutet η_m den Wärmerückgewinn, der dem mittleren Ausnutzungsgrad ε [Gl. (9)] entspricht. Die Indizes kennzeichnen die Anordnung nach Abb. 2 und das Verhältnis der Wasserwerte w oder $1/w$.

$$\begin{aligned}
\eta_{m\,A,\,w} &= \eta_{m\,B,\,w} + \eta_{m\,B,\,1/w} - \eta_0 + K_A , \\
\eta_{m\,C,\,w} &= \eta_{m\,B,\,w} + \eta_{m\,D,\,1/w} - \eta_0 + K_C , \\
\eta_{m\,E,\,w} &= \eta_{m\,D,\,w} + \eta_{m\,D,\,1/w} - \eta_0 + K_E .
\end{aligned} \right\} \qquad (107)$$

Die Korrekturglieder K_A, K_C und K_E sind außer von x_0 und y_0 auch von n abhängig und wurden für $n = 2$ und $n \to \infty$ durch Einsetzen der hierfür bekannten Werte des Wärmerückgewinns ermittelt. Für dazwischenliegende Werte von n wurde linear über $1/n$ interpoliert. Je kleiner x_0 und y_0 sind, um so kleiner werden die Korrekturglieder und ihre Differenzen zwischen $n = 2$ und $n \to \infty$, um so genauer ist also das Verfahren. Auch bei den größten betrachteten Werten von x_0 und y_0 bleibt der Fehler unter etwa 0,002, wie die Nachrechnung einer Anzahl von Kontrollpunkten nach dem im folgenden beschriebenen genaueren, aber ziemlich langwierigen Verfahren gezeigt hat.

Bei diesem Verfahren denkt man sich die tatsächliche Temperaturverteilung durch Überlagerung von drei verschiedenen Temperaturfunktionen entstanden, nämlich

1. die bekannte Temperaturfunktion bei unendlich vielen Stufen (Index ∞),
2. eine Zusatzfunktion, durch deren Überlagerung der Temperaturunterschied Δt_1 am Eintritt des ersten Stroms zu Null wird und die in Richtung des ersten Stroms schnell abklingt (gekennzeichnet durch $'$),
3. eine zweite Zusatzfunktion, durch deren Überlagerung der Temperaturunterschied ΔT_n am Eintritt des zweiten Stroms zu Null wird und die in Richtung des zweiten Stroms schnell abklingt (gekennzeichnet durch $''$).

Die Grenzbedingungen für die beiden Zusatzfunktionen lauten somit

$$\Delta t_1 = \Delta t_1' + \Delta t_1'' + \Delta t_{1\,\infty} = 0; \quad \Delta T_n = \Delta T_n' + \Delta T_n'' + \Delta T_{n\,\infty} = 0 . \qquad (108)$$

Tatsächlich werden, wie die spätere Zahlenrechnung zeigt, $\Delta t_1''$ und $\Delta T_n'$ bei drei und mehr Stufen so klein, daß sie vernachlässigt werden dürfen, es ist also

$$\Delta t_1' = -\Delta t_{1\,\infty}\,, \qquad \Delta T_n'' = -\Delta T_{n\,\infty}\,. \tag{108a}$$

Die beiden Zusatzfunktionen müssen wieder die Gleichungen (75), (76) und (79), angewendet auf die einzelnen Stufen, befriedigen. Man kann sich leicht davon überzeugen, daß man eine einfache Lösung, bei der die Temperaturen mit zunehmendem Abstand vom jeweiligen Ende der Reihe abklingen, dann erhält, wenn man das Verhältnis entsprechender Temperaturen in aufeinanderfolgenden Stufen konstant setzt, also mit dem Ansatz

$$\frac{t_{\nu+1} - T_{\nu+1}}{t_\nu - T_\nu} = \frac{\Delta T_{\nu+1}}{\Delta T_\nu} = \frac{\Delta t_{\nu+1}}{\Delta t_\nu} = r\,. \tag{109}$$

Mit Gl. (109) erhält man dieselben Grundgleichungen (90), (91), (92) wie oben bei der Berechnung des Grenzwertes für unendlich viele Stufen. Die gesuchten Lösungen sind die zweite und dritte Lösung r' und r'' [Gl. (95)] der Gl. (94).

Aus den drei Werten r_∞, r', r'' können mit Gl. (93), (93a) die zugehörigen Verhältnisse der Temperaturunterschiede am Eintritt zur Differenz der Eintrittstemperaturen ermittelt werden, die wie folgt bezeichnet werden sollen:

$$\left.\begin{aligned}
\frac{\Delta t_{\nu\infty}}{(t_\nu - T_\nu)_\infty} &= \frac{c_\infty}{\tau_t}\,; & \frac{\Delta t_\nu'}{t_\nu' - T_\nu'} &= \frac{c'}{\tau_t}\,; & \frac{\Delta t_\nu''}{t_\nu'' - T_\nu''} &= \frac{c''}{\tau_t}\,, \\[2mm]
\frac{\Delta T_{\nu\infty}}{(t_\nu - T_\nu)_\infty} &= \frac{d_\infty}{\tau_T}\,; & \frac{\Delta T_\nu'}{t_\nu' - T_\nu'} &= \frac{d'}{\tau_T}\,; & \frac{\Delta T_\nu''}{t_\nu'' - T_\nu''} &= \frac{d''}{\tau_T}\,.
\end{aligned}\right\} \tag{110}$$

Mit Gl. (108a) wird

$$t_1' - T_1' = -\frac{c_\infty}{c'}\,(t_1 - T_1)_\infty\,, \tag{111}$$

$$t_n'' - T_n'' = -\frac{d_\infty}{d''}\,(t_n - T_n)_\infty\,. \tag{112}$$

Weiter ist nach Gl. (109)

$$\frac{\Delta t_{\nu\infty}}{\Delta t_{1\infty}} = \frac{\Delta T_{\nu\infty}}{\Delta T_{1\infty}} = \frac{(t_\nu - T_\nu)_\infty}{(t_1 - T_1)_\infty} = r_\infty^{\nu-1}\,, \tag{113}$$

$$\frac{\Delta t_{\nu\infty}}{\Delta t_{n\infty}} = \frac{\Delta T_{\nu\infty}}{\Delta T_{n\infty}} = \frac{(t_\nu - T_\nu)_\infty}{(t_n - T_n)_\infty} = \left(\frac{1}{r_\infty}\right)^{n-\nu}\,, \tag{113a}$$

$$\frac{\Delta t_\nu'}{\Delta t_1'} = \frac{\Delta T_\nu'}{\Delta T_1'} = \frac{t_\nu' - T_\nu'}{t_1' - T_1'} = r'^{\nu-1}\,, \tag{113b}$$

$$\frac{\Delta t_\nu''}{\Delta t_1''} = \frac{\Delta T_\nu''}{\Delta T_1''} = \frac{t_\nu'' - T_\nu''}{t_1'' - T_1''} = r''^{\nu-1}\,. \tag{113c}$$

Aus Gl. (108a), (110) bis (113a) folgt

$$\Delta t'_{\nu} = -\Delta t_{\nu\infty}\left(\frac{r'}{r_\infty}\right)^{\nu-1}, \qquad\qquad \Delta T''_{\nu} = -\Delta T_{\nu\infty}\left(\frac{r_\infty}{r''}\right)^{n-\nu}, \quad (114)$$

$$\Delta T'_{\nu} = -\Delta T_{\nu\infty}\frac{d'\,c_\infty}{c'\,d_\infty}\left(\frac{r'}{r_\infty}\right)^{\nu-1}, \qquad\qquad \Delta t''_{\nu} = -\Delta t_{\nu\infty}\frac{c''}{d''}\frac{d_\infty}{c_\infty}\left(\frac{r_\infty}{r''}\right)^{n-\nu},$$
$$(115)$$

$$t'_{\nu} - T'_{\nu} = -(t_\nu - T_\nu)_\infty\frac{c_\infty}{c'}\left(\frac{r'}{r_\infty}\right)^{\nu-1}, \qquad t''_{\nu} - T''_{\nu} = -(t_\nu - T_\nu)_\infty\frac{d_\infty}{d''}\left(\frac{r_\infty}{r''}\right)^{n-\nu}.$$
$$(116)$$

Durch Einsetzen der resultierenden Werte

$$\left.\begin{aligned} \Delta t_\nu = \Delta t_{\nu\infty} + \Delta t'_\nu + \Delta t''_\nu, \quad \Delta T_\nu = \Delta T_{\nu\infty} + \Delta T'_\nu + \Delta T''_\nu \\ \text{und} \quad t_\nu - T_\nu = (t_\nu - T_\nu)_\infty + t'_\nu - T'_\nu + t''_\nu - T''_\nu \end{aligned}\right\} \quad (117)$$

in Gl. (80) erhält man den Wärmerückgewinn η_ν für die einzelnen Stufen:

$$\left.\begin{aligned} \eta_\nu = \eta_0 + \tau_t &\frac{\Delta t_{\nu\infty}\left[1 - \left(\dfrac{r'}{r_\infty}\right)^{\nu-1} - \dfrac{c''}{d''}\dfrac{d_\infty}{c_\infty}\left(\dfrac{r_\infty}{r''}\right)^{n-\nu}\right]}{(t_\nu - T_\nu)_\infty\left[1 - \dfrac{c_\infty}{c'}\left(\dfrac{r'}{r_\infty}\right)^{\nu-1} - \dfrac{d_\infty}{d''}\left(\dfrac{r_\infty}{r''}\right)^{n-\nu}\right]} \\[2ex] &- \frac{\tau_T}{w}\frac{\Delta T_{\nu\infty}\left[1 - \left(\dfrac{r_\infty}{r''}\right)^{n-\nu} - \dfrac{d'\,c_\infty}{c'\,d_\infty}\left(\dfrac{r'}{r_\infty}\right)^{\nu-1}\right]}{(t_\nu - T_\nu)_\infty\left[1 - \dfrac{c_\infty}{c'}\left(\dfrac{r'}{r_\infty}\right)^{\nu-1} - \dfrac{d_\infty}{d''}\left(\dfrac{r_\infty}{r''}\right)^{n-\nu}\right]}, \end{aligned}\right\} \quad (118)$$

und mit $\delta\eta_{t\infty} = c_\infty = \tau_t\dfrac{\Delta t_{\nu\infty}}{(t_\nu - T_\nu)_\infty}$ und $\delta\eta_{T\infty} = -d_\infty/w = -\dfrac{\tau_T}{w}\dfrac{\Delta T_{\nu\infty}}{(t_\nu - T_\nu)_\infty}$
[s. Gl. (96a)]

$$\left.\begin{aligned} \eta_\nu = \eta_0 + \delta\eta_{t\infty} &\frac{1 - \left(\dfrac{r'}{r_\infty}\right)^{\nu-1} - \dfrac{c''\,d_\infty}{d''\,c_\infty}\left(\dfrac{r_\infty}{r''}\right)^{n-\nu}}{1 - \dfrac{c_\infty}{c'}\left(\dfrac{r'}{r_\infty}\right)^{\nu-1} - \dfrac{d_\infty}{d''}\left(\dfrac{r_\infty}{r''}\right)^{n-\nu}} \\[2ex] &+ \delta\eta_{T\infty}\frac{1 - \left(\dfrac{r_\infty}{r''}\right)^{n-\nu} - \dfrac{d'\,c_\infty}{c'\,d_\infty}\left(\dfrac{r'}{r_\infty}\right)^{\nu-1}}{1 - \dfrac{c_\infty}{c'}\left(\dfrac{r'}{r_\infty}\right)^{\nu-1} - \dfrac{d_\infty}{d''}\left(\dfrac{r_\infty}{r''}\right)^{n-\nu}}. \end{aligned}\right\} \quad (119)$$

Dasselbe Verfahren kann selbstverständlich auch auf Anordnung B und D angewendet werden, für die es exakt richtig ist. Dabei entfällt die dritte Temperaturfunktion, d.h. alle mit $''$ gekennzeichneten Größen, und $\delta\eta_{T\infty}$ wird zu Null, so daß Gl. (119) sich auf

$$\eta_\nu = \eta_0 + \delta\eta_{t\infty}\frac{1 - \left(\dfrac{r'}{r_\infty}\right)^{\nu-1}}{1 - \dfrac{c_\infty}{c'}\left(\dfrac{r'}{r_\infty}\right)^{\nu-1}} \qquad (119\,\text{a})$$

vereinfacht.

$c_\infty = D \underset{(+)}{-} \sqrt{D^2 - E}$ erhält man hier aus Gl. (99), $c' = D \underset{(-)}{+} \sqrt{D^2 - E}$ aus der zweiten Lösung von Gl. (98), Gl. (99) mit geändertem Vorzeichen, und r' folgt aus Gl. (90) mit $\Delta T_\nu = 0$, $(t'_\nu - T'_\nu)/\Delta t'_\nu = 1/c'$ zu

$$r' = \sigma_t + \omega_t \tau_t / c' . \tag{120}$$

Ebenso $r_\infty = \sigma_t + \omega_t \tau_t / c_\infty$.

c) Sonderfall $w = 1$. Eine wesentliche Vereinfachung ergibt sich für $w = 1$ [s. a. Gl. (106), (106a) für drei Stufen]. Hier wird nach Gl. (96) $r_\infty = 1$, in Gl. (94) wird $1 + a_1 + a_2 + a_3 = 0$. Man kann deshalb diese Gleichung durch $r - 1$ dividieren und erhält so eine quadratische Gleichung

$$r^2 + (1 + a_1)\, r - a_3 = 0 ,$$

für r' und r''.

Wegen $r_\infty = 1$ ist $(t_\nu - T_\nu)_\infty = $ konst., weiter ist nach Gl. (74) $(t_\nu - T_\nu)(1 - \eta_\nu)$ für alle Stufen gleich. Denkt man sich die Stufenreihe über n hinaus genügend weit fortgesetzt, mit Mischung und Temperaturausgleich zwischen der n-ten und $(n + 1)$ten Stufe, so folgt daraus

$$(t_\nu - T_\nu)(1 - r_{,\nu}) = (t_\nu - T_\nu)_\infty (1 - \eta_\infty) . \tag{121}$$

Der Wärmerückgewinn η_g einer aus n Stufen bestehenden Reihe ist nach Gl. (71)

$$\eta_g = \frac{t_1 - t_{n+1}}{t_1 - T_n} = 1 - \frac{t_{n+1} - T_n}{t_1 - T_n} . \tag{122}$$

Mit Gl. (121) ist

$$t_{n+1} - T_n = (t_n - T_n)(1 - \eta_n) = (t_\nu - T_\nu)_\infty (1 - \eta_\infty) . \tag{123}$$

Weiter ist mit Gl. (70), (121)

$$\left.\begin{aligned}
t_1 - T_n &= t_n - T_n + \sum_{\nu=1}^{n-1}(t_\nu - t_{\nu+1}) = t_n - T_n + \sum_{\nu=1}^{n-1}(t_\nu - T_\nu)\,\eta_\nu \\
&= t_n - T_n + \sum_{\nu=1}^{n-1}[t_\nu - T_\nu - (t_\nu - T_\nu)(1 - \eta_\nu)] \\
&= -(n - 1)(t_\nu - T_\nu)_\infty (1 - \eta_\infty) + \sum_{\nu=1}^{n}(t_\nu - T_\nu) .
\end{aligned}\right\} \tag{124}$$

Durch Einsetzen von $t_\nu - T_\nu$ nach Gl. (116), (117) und Bildung der Summe der beiden geometrischen Reihen erhält man

$$t_1 - T_n = (t_\nu - T_\nu)_\infty [1 + (n - 1)\,\eta_\infty - A] , \tag{125}$$

mit

$$A = \frac{c_\infty}{c'}\,\frac{1 - r'^n}{1 - r'} + \frac{d_\infty}{d''}\,\frac{1 - (1/r'')^n}{1 - 1/r''} . \tag{126}$$

Damit wird

$$\eta_g = 1 - \frac{1 - \eta_\infty}{1 + (n - 1)\eta_\infty - A} = \frac{n\,\eta_\infty - A}{1 + (n - 1)\eta_\infty - A} . \tag{127}$$

Für den dem mittleren Ausnutzungsgrad ε entsprechenden mittleren Wärmerückgewinn η_m der Einzelstufe gilt nach Gl. (7a)

$$n \frac{\eta_m}{1 - \eta_m} = \frac{\eta_g}{1 - \eta_g} \, .$$

Durch Auflösen nach η_m und Einsetzen von η_g nach Gl. (127) folgt daraus

$$\eta_m = \frac{\eta_g}{n - (n-1)\,\eta_g} = \frac{n\,\eta_\infty - A}{n - A} = \eta_\infty - \frac{(1 - \eta_\infty)\,A}{n - A} \, . \tag{128}$$

Für die beiden symmetrischen Anordnungen A und E wird $r'' = 1/r'$, $c_\infty = d_\infty = \omega_t \tau_t/(1 - \sigma_t - \sigma_{tT})$ und $c' = d''$, so daß sich der Ausdruck für A auf

$$A = \frac{2\,c_\infty}{c'} \frac{1 - r'^{\,n}}{1 - r'} \tag{126a}$$

vereinfacht.

Bei den Anordnungen B und D ist

$$A = \frac{c_\infty}{c'} \frac{1 - r'^{\,n}}{1 - r'} \, . \tag{126b}$$

Aus Gl. (99) bzw. Gl. (120) erhält man in diesem Fall [s. a. Text vor Gl. (120)]

$$\frac{c_\infty}{c'} = \frac{\omega_t \tau_t}{(1 - \eta_0)\,(1 - \sigma_t)} \, ; \qquad r' = \sigma_t + \frac{\omega_t \tau_t}{1 - \eta_0} \, . \tag{129}$$

Für zwei Stufen folgt daraus mit Gl. (100a) nach einigen Umformungen

$$\eta_m = \eta_0 + \frac{\omega_t \tau_t}{2 + \dfrac{\omega_t \tau_t}{1 - \eta_0}} \, . \tag{130}$$

V. Ergebnisse der Rechnung

Wie oben auf S. 9 ff. ausführlich erläutert wurde, genügt für alle praktischen Bedürfnisse die Angabe des Ausnutzungsfaktors ε, des Verhältnisses der beim reinen Gegenstrom erforderlichen zur tatsächlichen wärmeübertragenden Fläche. Diese Kenngröße ist in Abb. 16 bis 20 als zusammenfassendes Ergebnis aller Rechnungen für die verschiedenen Anordnungen nach Abb. 2 über der dimensionslosen Kenngröße $x_0^* = F k/W^*$ aufgetragen, wobei für W^* der kleinere der beiden Wasserwerte W_{I}, W_{II} einzusetzen ist. Als Parameter wurden das Verhältnis der Wasserwerte beider Ströme $w = W_{\mathrm{I}}/W_{\mathrm{II}}$ und die Anzahl der Stufen n benützt.

Für $w = 0$ und $w \to \infty$ ist $\varepsilon = 1$. Für die beiden symmetrischen Anordnungen A und E, bei denen eine Vertauschung beider Ströme das Ergebnis nicht beeinflußt, ist der Ausnutzungsfaktor ε für $1/w$ derselbe wie für w. Für die übrigen Anordnungen wurde eine getrennte Darstellung

mit w als Parameter für $w < 1$ und $1/w$ als Parameter für $w > 1$ gewählt.
Ein Vergleich der Zahlenwerte zeigt, daß der Unterschied zwischen den
Werten für w und $1/w$, also der Unterschied beim Vertauschen beider
Ströme, meist wider Erwarten gering ist.

In allen Diagrammen der Abb. 16 bis 20 sind die Kurven für $n = 2$,
$n = 4$ und $n \to \infty$ eingetragen. Soweit dabei der Kurvenverlauf zu unübersichtlich geworden wäre, sind einzelne Kurvenscharen ganz oder teilweise
getrennt gezeichnet. Für andere Werte von n kann ε genügend genau
über $1/n$ interpoliert werden. Die exakte Abhängigkeit von n ist für
Anordnung A und E bei $w = 1$ in Abb. 21 dargestellt, wobei als Ordinate
der Unterschied des Ausnutzungsfaktors ε gegenüber dem Ausnutzungsfaktor ε_0 bei reinem Kreuzstrom aufgetragen ist. Für andere Anordnungen
und andere Werte von w ist die Abhängigkeit von n ganz ähnlich. Die
Werte von ε bzw. $\varepsilon - \varepsilon_0$ über $1/n$ liegen bei den Anordnungen D und E auf
derselben Kurve, bei den übrigen Anordnungen für gerade und ungerade
Werte von n auf zwei verschiedenen Kurven, wobei jedoch der Unterschied praktisch belanglos ist.

Als Beispiel für die Abhängigkeit des Ausnutzungsfaktors ε von w
zeigt Abb. 22 ε als Funktion von w für die verschiedenen Anordnungen
für $x_0^* = 2$ und $n = 4$. Bei anderen Werten von x_0^* ist, abgesehen von den
verschiedenen Absolutwerten, die Krümmung der einzelnen Kurven im
allgemeinen um so stärker, je größer x_0 ist.

Gleichzeitig läßt Abb. 22 den Unterschied der verschiedenen Anordnungen erkennen. Noch klarer zeigt diese Unterschiede die Abb. 23, wo ε
für $w = 1$ und $n = 4$ für die verschiedenen Anordnungen nach Abb. 2
über x_0^* aufgetragen ist. Man erkennt daraus die Verbesserung in der Ausnützung der wärmeübertragenden Fläche, die man durch Wahl der günsti-
geren Anordnungen im Vergleich zu den einfacheren, aber weniger
günstigen erzielen kann. Der Unterschied fällt zwar bei kleinen Werten
von x_0^* nicht sehr stark ins Gewicht, kann aber bei größeren Werten von
x_0^* recht bedeutend sein. Wenn auch die Anordnungen D und E wegen
ihrer komplizierten Stromführung in vielen Fällen nicht in Frage kommen werden, so sollte man doch versuchen, sich wenigstens der Anordnung C (s. Abb. 3) zu nähern, mindestens aber durch gute Vermischung
zwischen den Stufen im zweiten Strom den ungünstigsten Fall A zu ver-
meiden.

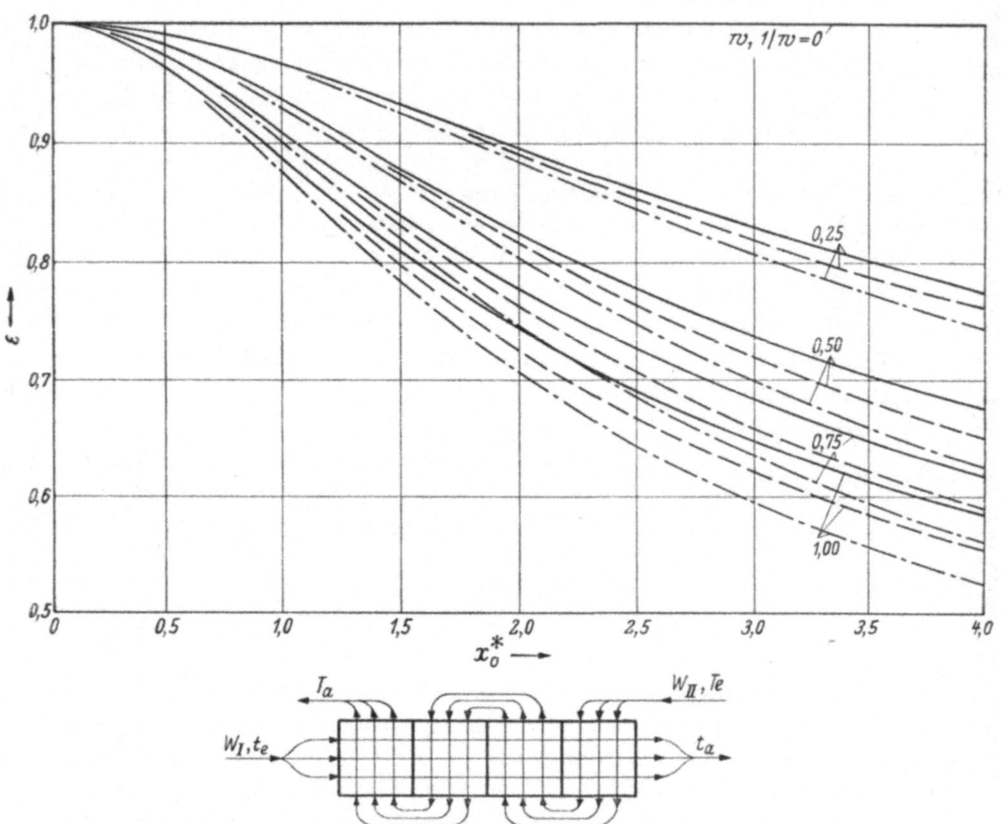

Abb. 16. Ausnutzungsfaktor ε für Anordnung A (Abb. 2) abhängig von der dimensionslosen Austauschoberfläche $x_0^* = F \cdot k/W^*$ der Einzelstufe für n in Reihe geschaltete Kreuzstrom-Wärmeaustauscher für verschiedene Verhältnisse $w = W_I/W_{II}$ der Wasserwerte W_I, W_{II} beider Ströme und verschiedene Werte von n (F [m²] ist die wärmeübertragende Fläche je Stufe, k [kcal/m²/h grd] die auf F bezogene Wärmedurchgangszahl, W^* [kcal/h grd] der kleinere der beiden Wasserwerte W_I, W_{II}).

――――――― $n = 2$.
－－－－－－－ $n = 4$.
－·－·－·－ $n \to \infty$.

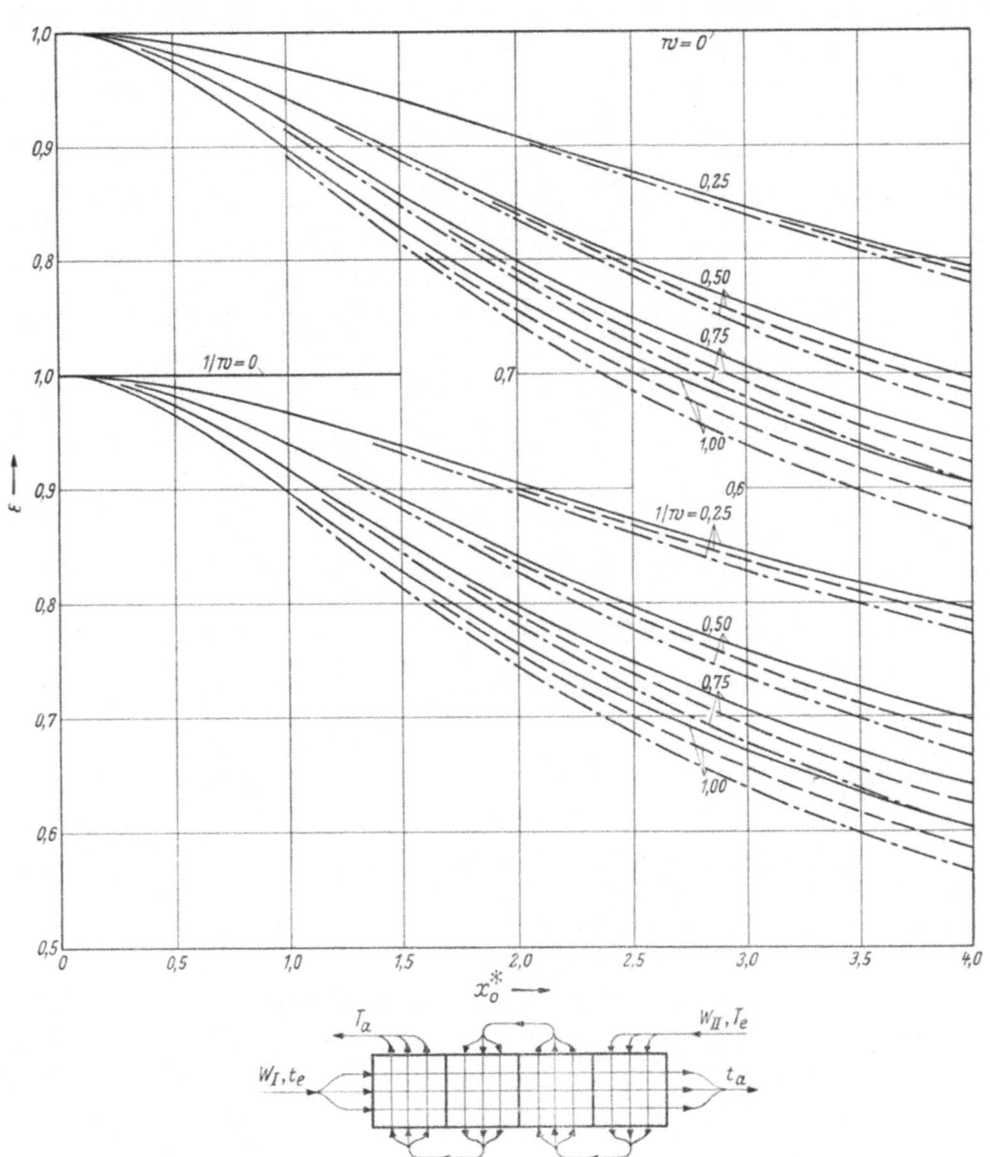

Abb. 17. Ausnutzungsfaktor ε für Anordnung *B* (Abb. 2). Darstellung wie Abb. 16.

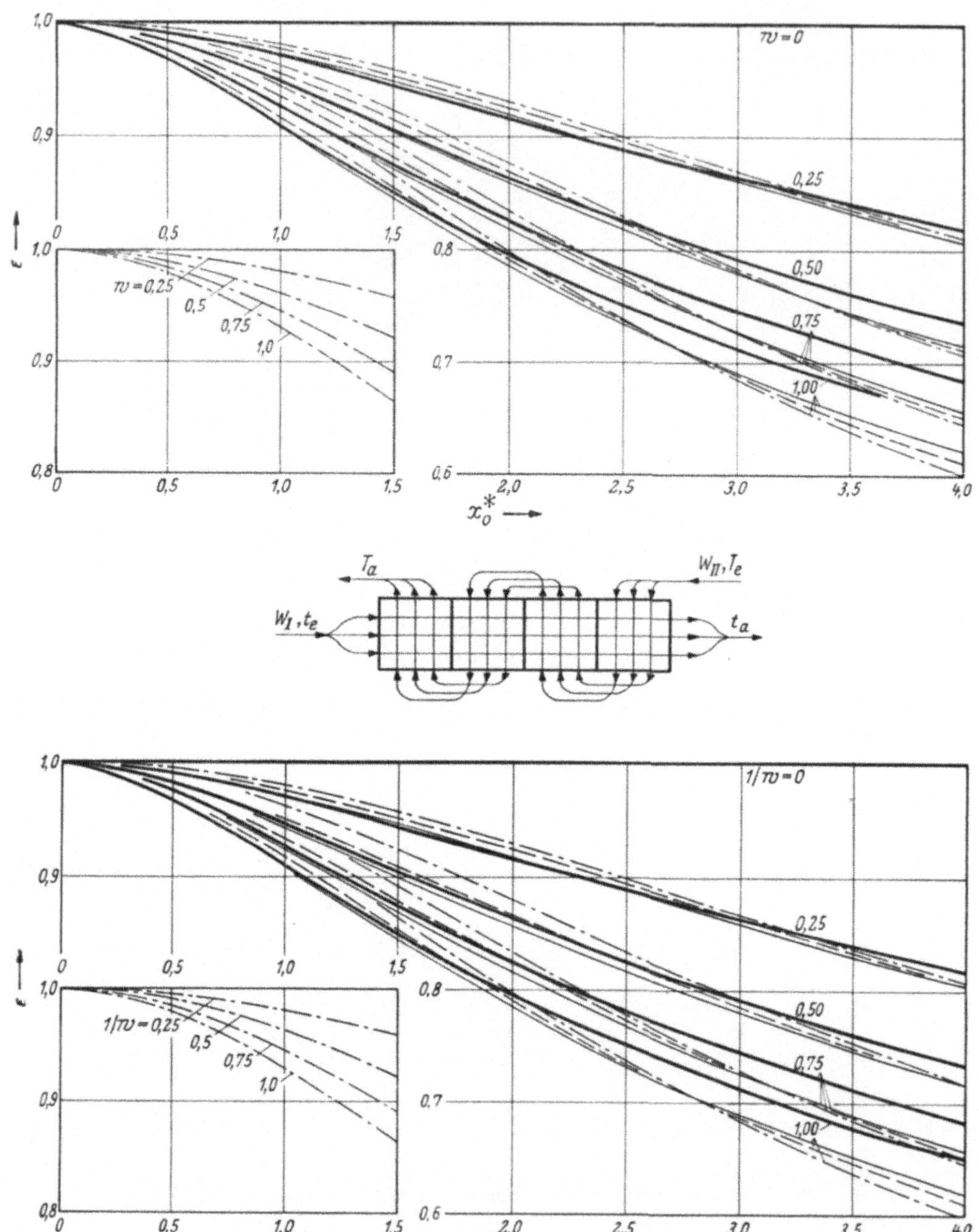

Abb. 18. Ausnutzungsfaktor ε für Anordnung C (Abb. 2). Darstellung wie Abb. 16.

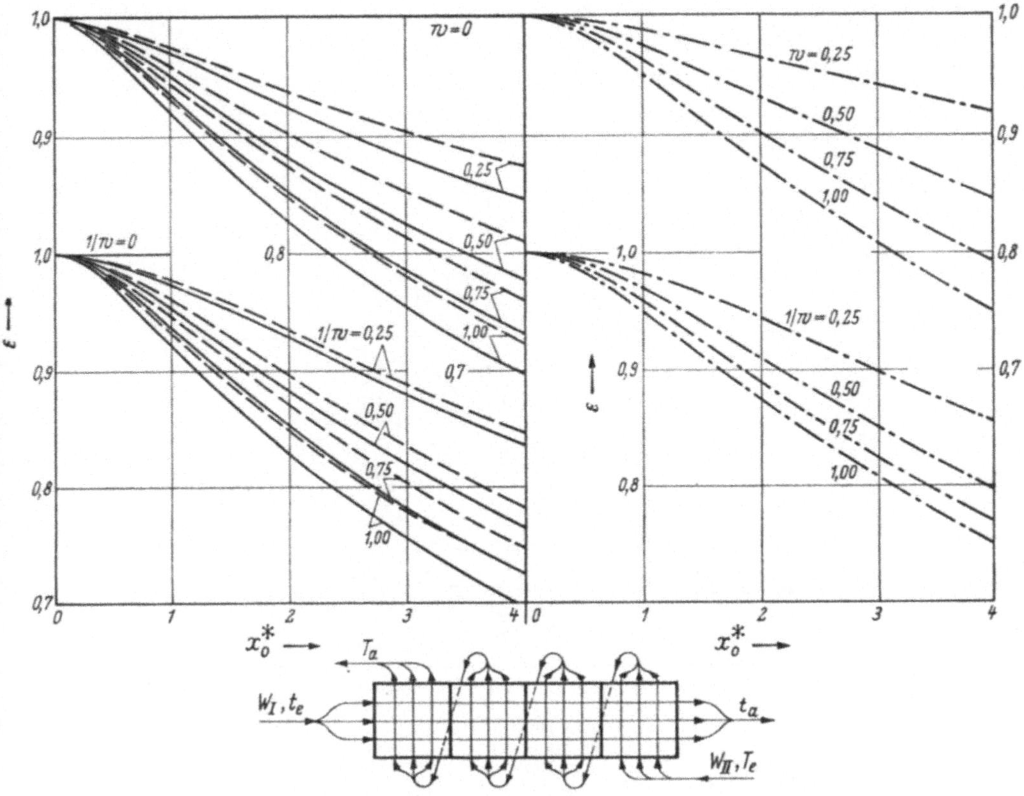

Abb. 19. Ausnutzungsfaktor ε für Anordnung D (Abb. 2). Darstellung wie Abb. 16.

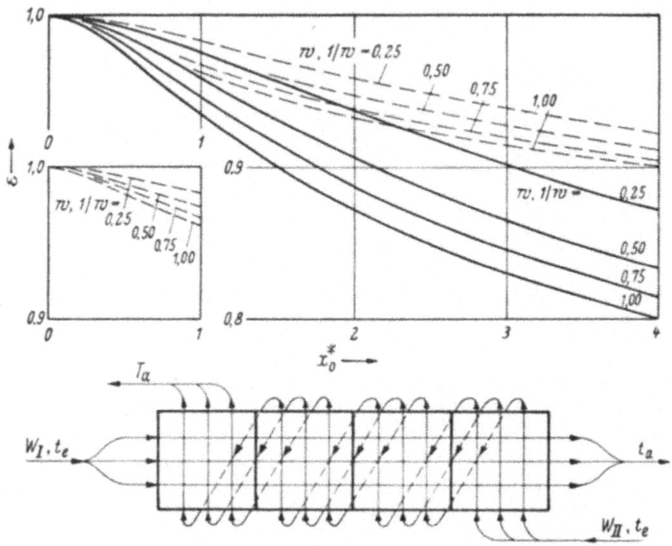

Abb. 20. Ausnutzungsfaktor ε für Anordnung E (Abb. 2). Darstellung wie Abb. 16.
Für $n \to \infty$ ist $\varepsilon = 1$.

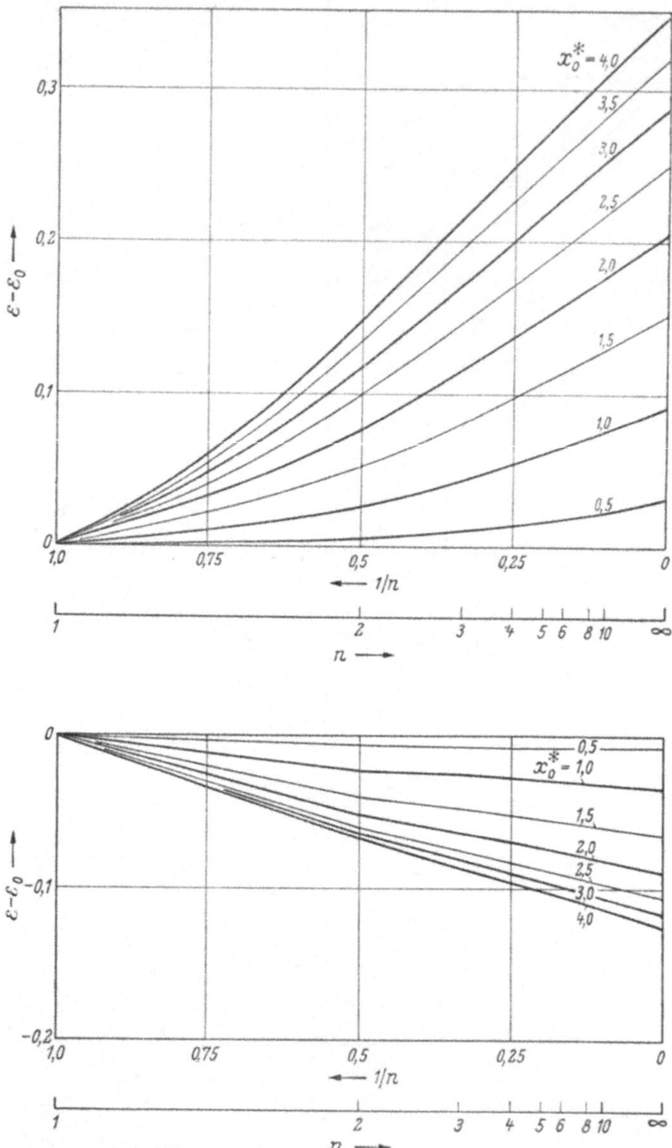

Abb. 21. Differenz des Ausnutzungsfaktors ε gegenüber dem Ausnutzungsfaktor ε_0 beim reinen Kreuzstrom für n in Reihe geschaltete Kreuzstrom-Wärmeaustauscher in Anordnung E (Abb. 2), oben, und Anordnung A, unten, für gleichen Wasserwert beider Ströme ($w = 1$), aufgetragen über $1/n$ für verschiedene Werte von x_0^* (Bezeichnungen s. Abb. 16).

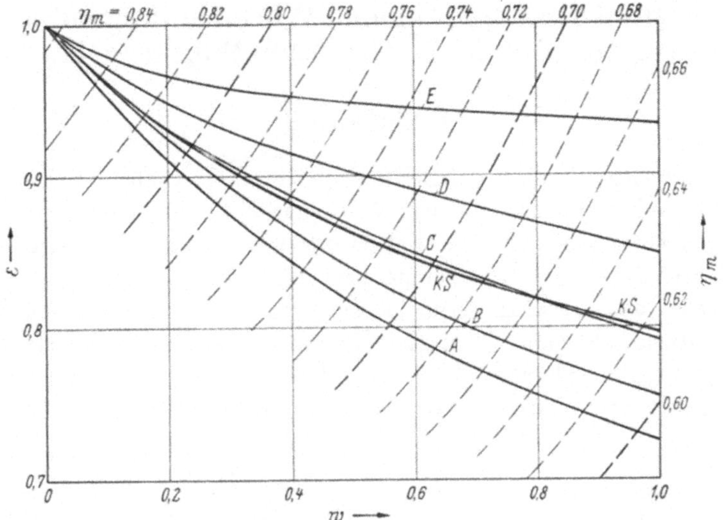

Abb. 22. Ausnutzungsfaktor ε für vier in Reihe geschaltete Kreuzstrom-Wärmeaustauscher mit der dimensionslosen Fläche $x_0^* = 2$, aufgetragen über dem Verhältnis w des Wasserwertes beider Ströme für die verschiedenen Anordnungen der Abb. 2 (Bezeichnungen s. Abb. 16).

– – – – – Kurven für konstanten mittleren Wärmerückgewinn η_m, bezogen auf den einzelnen Kreuzstrom-Wärmeaustauscher.

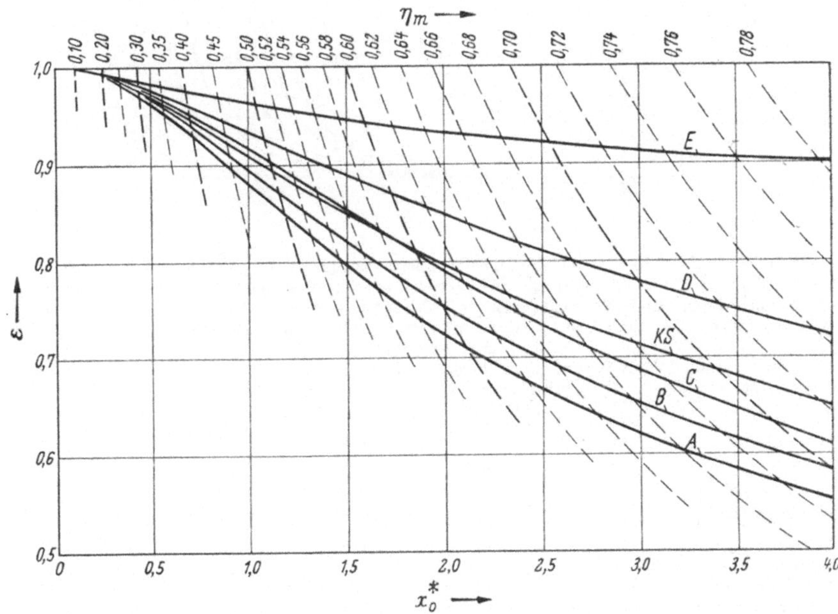

Abb. 23. Ausnutzungsfaktor ε für vier in Reihe geschaltete Kreuzstrom-Wärmeaustauscher bei gleichem Wasserwert beider Ströme ($w = 1$), aufgetragen über der dimensionslosen Fläche x_0^* für die verschiedenen Anordnungen der Abb. 2 (Bezeichnungen s. Abb. 16).

– – – – – Kurven für konstanten mittleren Wärmerückgewinn η_m, bezogen auf den einzelnen Kreuzstrom-Wärmeaustauscher.

B. Einfluß der Mischung und Wärmeleitung auf den Wärmerückgewinn des Kreuzstrom-Wärmeaustauschers

I. Einführung

Bei der theoretischen Behandlung von einfachen oder kombinierten Kreuzstrom-Wärmeaustauschern wird entweder, wie bei der vorhergehenden Untersuchung, der Einfluß der Vermischung und Wärmeleitung, durch die ein gewisser Temperaturausgleich innerhalb der strömenden Medien bewirkt wird, vernachlässigt[1], oder es wird ein vollständiger Temperaturausgleich, meist in einem Strom quer zur Strömungsrichtung, vorausgesetzt[2]. Die letztere Annahme führt zu einer wesentlichen Vereinfachung der mathematischen Behandlung und liefert stets die ungünsti-

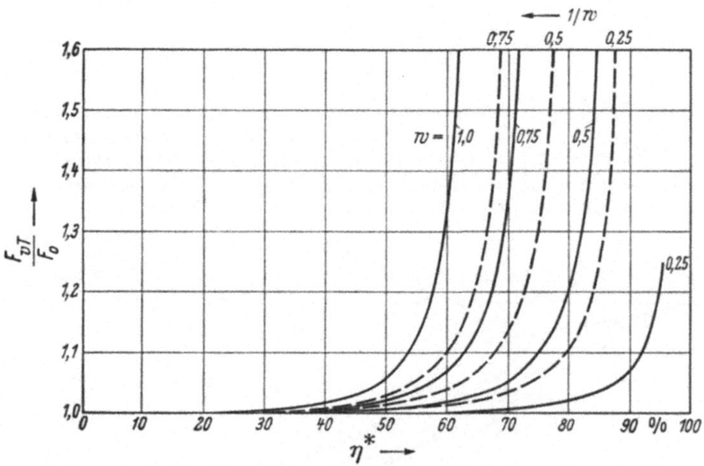

Abb. 24. Verhältnis der für vollständigen Temperaturausgleich errechneten wärmeübertragenden Fläche $F_{v\,T}$ zu der ohne Vermischung und Wärmeleitung sich ergebenden wärmeübertragenden Fläche F_0 für einen Kreuzstrom-Wärmeaustauscher, abhängig vom Wärmerückgewinn η^*. Bei der Berechnung der Fläche $F_{v\,T}$ wurde vollständiger Temperaturausgleich quer zur Strömungsrichtung in einem der beiden Ströme angenommen.
w ist das Verhältnis des Wasserwertes W_I des Stroms mit Temperaturausgleich zum Wasserwert W_II des Stroms ohne Temperaturausgleich. Der Wärmerückgewinn η^* bezieht sich auf den Strom mit dem kleineren Wasserwert.

$$\text{———————}\quad w \leq 1;$$
$$\text{— — — — —}\quad w > 1$$

geren Werte. Die Unterschiede im Ergebnis sind bei höheren Werten des Wärmerückgewinns zum Teil sehr bedeutend. Abb. 24 zeigt das Verhältnis der nach beiden Annahmen für den gleichen Wärmerückgewinn errechneten wärmeübertragenden Flächen abhängig vom Wärmerück-

---

[1] W. NUSSELT, s. Fußnote, S. 3.

[2] D. M. SMITH, R. A. BOWMAN, A. C. MUELLER, W. M. NAGLE, s. Fußnoten 3 und 4, S. 4.

gewinn η^* für verschiedene Verhältnisse w der Wasserwerte beider Ströme. Wenn auch, trotz gelegentlicher gegenteiliger Ansichten, von Anfang an zu erwarten war, daß man bei Vernachlässigung der Mischung und Wärmeleitung der Wirklichkeit näher kommt als bei Annahme vollständigen Temperaturausgleichs, so erschien doch wegen der großen Unterschiede der Ergebnisse eine exakte zahlenmäßige Klärung dieses Einflusses notwendig. Dies ist der Zweck der nachfolgenden Untersuchung.

Beim Kreuzstrom-Wärmeaustauscher fließt in den meisten Fällen der eine Strom senkrecht zu den Rohren eines Rohrbündels, der zweite in den Rohren selbst (Abb. 25). Dabei wird im ersten Strom durch Mischungsvorgänge ein gewisser Temperaturausgleich quer zu seiner Strömungsrichtung stattfinden. Ebenso wird durch die Wärmeleitung in den Rohren Wärme übertragen, wodurch sich die Temperaturen in den beiden Strömen ändern. Dieser Änderung der örtlichen Temperaturverteilung entspricht eine Änderung der übertragenen Wärmemenge. Die Wärmeleitung in den strömenden Medien selbst ist, verglichen mit den genannten Einflüssen, fast stets verschwindend klein.

Die Untersuchungen werden für den einfachen Kreuz-

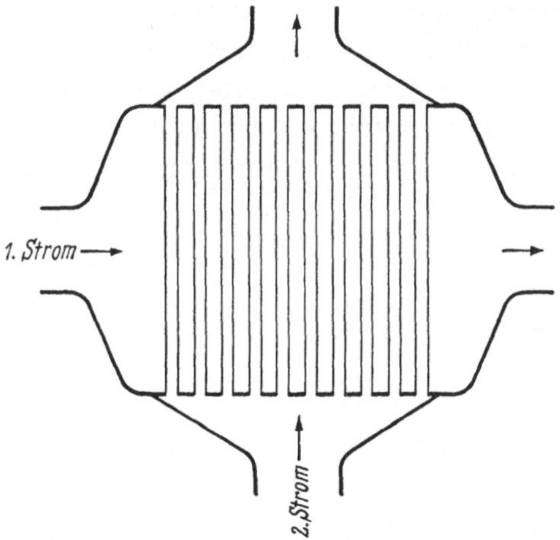

Abb. 25. Schema eines Kreuzstrom-Wärmeaustauschers.

strom-Wärmeaustauscher mit konstanten Eintrittstemperaturen durchgeführt, und zwar wird sowohl der Einfluß der Vermischung durch teilweisen Temperaturausgleich quer zur Strömungsrichtung als auch der Einfluß der Wärmeleitung in den wärmeübertragenden Elementen behandelt. Zunächst soll der Einfluß der Vermischung betrachtet werden.

Der Temperaturausgleich durch Vermischung in Strömungsrichtung wird hier nicht berücksichtigt. Zwar ist zweifellos die Vermischung in Strömungsrichtung sehr intensiv, es ist aber nicht ohne weiteres möglich, ihre Wirkung von den für den Wärmeübergang maßgebenden Vorgängen am einzelnen Rohr zu trennen. Da sie auch in den Versuchseinrichtungen wirksam ist, in denen die Wärmeübergangszahlen bestimmt werden, soll angenommen werden, daß ihr Einfluß bereits in den der Rechnung zugrunde gelegten Wärmeübergangszahlen, bzw. in deren Toleranzen, enthalten ist.

II. Temperaturänderung durch Vermischung in einem isolierten Strom

1. Grundgleichungen

Um den Einfluß der in einem Strom mit örtlich veränderlicher Temperatur auftretenden Vermischung auf die Temperaturverteilung zu erfassen, betrachtet man zunächst einen solchen Strom für sich allein, ohne Wärmeaustausch mit der Umgebung. Für eine Untersuchung des Gesamteinflusses kann man weiter die tatsächliche Strömung, z.B. die Strömung senkrecht zu einem Rohrbündel, durch ein stetiges Strömungsfeld mit konstanter Geschwindigkeit, konstanten Stoffwerten und konstanter Turbulenz ersetzt denken, derart, daß außer der Durchflußmenge und den Stoffwerten auch die Intensität der Vermischung die gleiche ist wie bei der tatsächlichen Strömung. Die Intensität der Vermischung kann als konstante Größe angenommen werden[1], wenn man, wie üblich, überall gleiche wärmeübertragende Elemente voraussetzt. Sie möge im Prinzip durch die mittlere Verteilung gekennzeichnet sein, die man für die einzelnen Teilchen des durch ein beliebiges Flächenelement strömende Medium in einem genügend großen Abstand (groß gegenüber dem einzelnen wärmeübertragenden Element) stromabwärts erhält. Entsprechend den Verhältnissen im Kreuzstrom-Wärmeaustauscher genügt hier die Betrachtung des zweidimensionalen Problems, bei dem die Temperatur nur von den Koordinaten u und v (s. Abb. 26) abhängt.

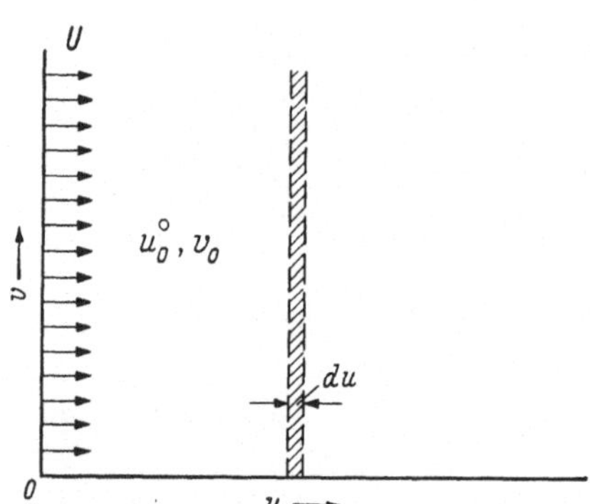

Abb. 26. Strömungsfeld mit konstanter Geschwindigkeit und veränderlicher Temperatur.

Bekanntlich bewirken die turbulenten Vermischungsvorgänge in einem Medium veränderlicher Temperatur einen Wärmestrom, der dem Produkt aus dem Temperaturgradienten und einer Wärmeleitzahl der turbulenten Vermischung proportional ist[2]. Deshalb gelten für die Wärmeleitung durch turbulente Vermischung dieselben mathematischen Ansätze wie für die stoffliche Wärmeleitung, nur ist die Wärmeleitzahl λ_t der turbulenten Vermischung meist um mehrere Zehnerpotenzen größer als die stoffliche Wärmeleit-

---

[1] Tatsächlich treten am Eintritt durch die noch nicht voll ausgebildete Strömung und an den seitlichen Berandungen als Folge der Sekundärströmungen gewisse Unterschiede auf, die aber offenbar das Gesamtergebnis nicht wesentlich beeinflussen.

[2] Zum Beispiel PRANDTL, L.: Führer durch die Strömungslehre, S. 113. Braunschweig: Vieweg 1956.

zahl λ. Außerdem ist λ_t in erster Linie von der Art der Strömung, nicht von den Stoffwerten des strömenden Mediums, abhängig. Wegen der Annahme konstanter Intensität der Vermischung ist hier λ_t konstant.

Man betrachtet nun einen beliebigen Ausschnitt aus dem strömenden Medium, etwa in Abb. 26 einen vertikalen Streifen von der Breite du, der sich mit der Geschwindigkeit U von links nach rechts bewegt. Da voraussetzungsgemäß nur die Wärmeleitung durch turbulente Vermischung quer zur Strömungsrichtung berücksichtigt werden soll, gilt für diesen Streifen die FOURIERsche Differentialgleichung für die Wärmeleitung eines Stabes. Es ist also, wenn die Temperatur mit t und die Zeit mit z bezeichnet wird,

$$\frac{\partial t}{\partial z} = \bar{a}_t \frac{\partial^2 t}{\partial v^2} , \tag{201}$$

wobei

$$\bar{a}_t = \frac{\lambda_t}{\gamma\, c_p} \tag{201 a}$$

die Temperaturleitzahl durch turbulente Wärmeleitung, γ das spezifische Gewicht und c_p die spezifische Wärme des strömenden Mediums bedeuten. Nun gilt für den Abstand u des betrachteten Streifens vom Koordinatenanfang $u = Uz$. Damit kann man in Gl. (201) die Zeit z durch u ersetzen[1] und erhält

$$\frac{\partial t}{\partial u} = \beta \frac{\partial^2 t}{\partial v^2} , \tag{202}$$

wenn man

$$\beta = \frac{\bar{a}}{U} = \frac{\lambda_t}{\gamma\, c_p\, U} \tag{203}$$

als neue Kenngröße für die Intensität der turbulenten Vermischung einführt. β hat die Dimension einer Länge.

2. Physikalische Bedeutung der Kenngröße β

Um die neue Kenngröße β verständlich zu machen, sei zunächst der Fall betrachtet, daß bei konstanter Eintrittstemperatur t_e an einem beliebigen Punkt u_0, v_0 der Abb. 26 eine endliche Wärmemenge zugeführt wird. Die Lösung von Gl. (202) für diesen Fall ist bekannt[2]. Sie lautet für $u > u_0$

$$t - t_e = C\, \frac{1}{\sqrt{\pi}}\, \frac{1}{2\,\sqrt{\beta\,(u - u_0)}}\, e^{-\frac{(v - v_0)^2}{4\,\beta\,(u - u_0)}} , \tag{204}$$

---

[1] Da das strömende Medium überall die gleiche Geschwindigkeit hat, unterscheidet sich hier der Vorgang der Wärmeleitung mathematisch nicht von dem in einem mit gleicher Geschwindigkeit weiterbewegten Band, das die Wärme in der v-Richtung leitet.

[2] Zum Beispiel GRÖBER-ERK-GRIGULL: Die Grundgesetze der Wärmeübertragung, S. 27 mit $(u - u_0)/U$ an Stelle der Zeit und Gl. (203). Berlin/Göttingen/Heidelberg: Springer 1957.

wobei die Konstante C [m grd] proportional der Wärmemenge ist und zu 1 wird, wenn die zugeführte Wärmemenge einer mittleren Temperaturerhöhung 1 auf der Breite 1 entspricht.

Der Ausdruck auf der rechten Seite der Gl. (204) gilt nicht nur für den Verlauf der Temperatur, sondern er gibt ganz allgemein die mittlere Verteilung im Sinne der Wahrscheinlichkeitsrechnung wieder, die für das durch ein Flächenelement an der Stelle u_0, v_0 strömende Medium an einer beliebigen stromabwärts gelegenen Stelle gilt. Diese mittlere Verteilung kann z. B. auch durch Zuführung von Farbe, Rauch oder sonstigen leicht feststellbaren Stoffen im Punkt x_0, y_0 sichtbar gemacht bzw. meßtechnisch bestimmt werden.

Zur Bestimmung des tatsächlichen Wertes der Kenngröße β muß eine derartige Verteilungsmessung im wirklichen Wärmeaustauscher oder an einem Modell durchgeführt werden. Dabei kann man entweder den örtlichen Verlauf der Konzentration eines Zusatzstoffes messen, der längs

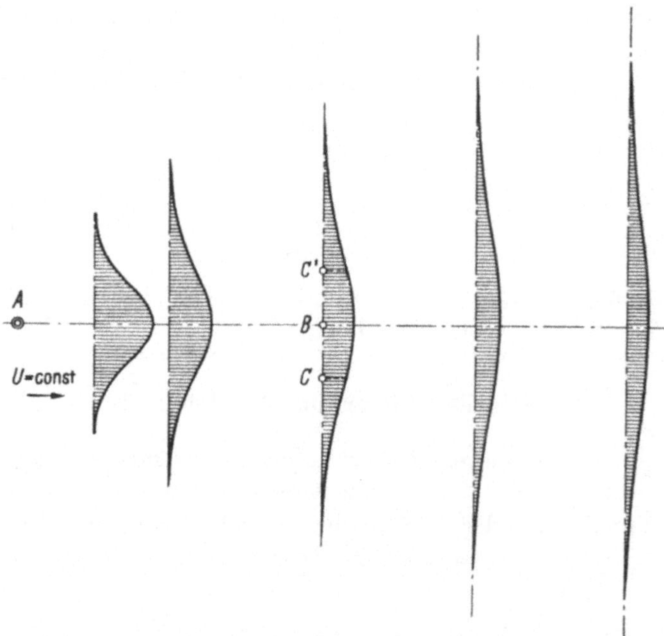

Abb. 27. Verteilung des an der Stelle A strömenden Mediums in verschiedenen Abständen.

einer Senkrechten zur u-v-Ebene (Abb. 26) bzw. zur Zeichenebene in Punkt A (Abb. 27) in zeitlich konstanter Menge zugeführt wird, oder man kann längs dieser Senkrechten etwa mit Hilfe eines Heizdrahtes Wärme zuführen und den Verlauf der Übertemperatur über der Umgebung bestimmen. Dabei möge sich für die Konzentration des Zusatzstoffes bzw. die Übertemperatur der in Abb. 27 gezeichnete Verlauf ergeben. Bezeichnet man nun den Anteil der zwischen CC' gelegenen Fläche (Abb. 27) an der Gesamtfläche mit χ, so gilt nach Gl. (204) mit $\overline{AB} = u - u_0$, $\overline{BC} = \overline{BC'} = |v - v_0|$ die Beziehung

$$\chi = \Phi\left(\frac{\xi}{2}\right) \tag{205}$$

mit

$$\xi = \frac{\overline{BC}}{\sqrt{\beta\,\overline{AB}}}\,.$$

Dabei ist

$$\Phi\left(\frac{\xi}{2}\right) = \frac{1}{\sqrt{\pi}} \int\limits_{-\xi/2}^{+\xi/2} e^{-\zeta^2}\,d\zeta$$

das Gausssche Fehlerintegral.

Speziell ist für $\chi = 0{,}52$

$$\beta = \frac{\overline{BC}^2}{\overline{AB}}\,, \tag{205a}$$

für $\chi = 0{,}5$

$$\beta = 1{,}10\,\frac{\overline{BC}^2}{\overline{AB}}\,. \tag{205b}$$

Abb. 27 veranschaulicht gleichzeitig die Verteilung des an der Stelle A strömenden Mediums nach Gl. (204).

3. Größenordnung der Kenngröße β

Die genaue Bestimmung der Kenngröße β für verschiedene Formen der wärmeübertragenden Elemente gehört an sich nicht zu den Aufgaben dieser Arbeit. Für die praktische Anwendung der im folgenden gewonnenen theoretischen Ergebnisse ist aber wenigstens die ungefähre Kenntnis dieser Größe notwendig.

a) Strömung zwischen zwei parallelen Platten. Für den Fall der Strömung zwischen zwei parallelen Platten kann die Kenngröße β aus dem Zusammenhang zwischen Schubspannung und Wärmeleitung bei turbulenter Strömung theoretisch in grober Annäherung ermittelt werden. Dabei wurden die Ansätze und Gleichungen von Prandtl[1] benützt, die Strömung zwischen zwei Platten wurde durch eine Rohrströmung bei gleichem hydraulischem Radius ersetzt und die Kenngröße β als Mengen-

---

[1] L. Prandtl, S. 113, 114, 119, 122, 154, 156 (s. Fußnote 2, S. 58).

mittel der örtlichen Werte nach Gl. (203) bestimmt[1]. Auf die Wiedergabe der Ableitung im einzelnen möge verzichtet werden, da das Ergebnis aus den anschließend angegebenen Gründen nur von beschränkter praktischer Bedeutung ist. Das Ergebnis lautet

bei hydraulisch glatter Wand $(s\,U_m/\bar{\nu} < 10^5)$

$$\beta = \frac{0{,}015}{\sqrt[8]{\dfrac{s\,U_m}{\bar{\nu}}}}\, s\,, \tag{206}$$

bei rauher Wand

$$\beta = \frac{0{,}014}{\log\,(s/\bar{k}) + 0{,}87}\, s\,. \tag{206 a}$$

Dabei bedeutet

s [m] den Plattenabstand,

$\bar{k}$ [m] die Wandrauhigkeit (Korngröße des Sandes, durch dessen Aufstreuen beim Versuch die Wandrauhigkeit erzeugt wurde),

U_m [m/sec] die mittlere Strömungsgeschwindigkeit,

$\bar{\nu}$ [m²/sec] die kinematische Zähigkeit.

Besonders der Zahlenfaktor im Zähler ist als ziemlich unsicher anzusehen. Bei 10 mm Plattenabstand ergibt z. B. die erste Formel für $s\,U_m/\bar{\nu} = 10^4$ $\beta = 0{,}00005$ m, die zweite Formel für $s/\bar{k} = 100$ $\beta = 0{,}00005$ m, für $s/\bar{k} = 20$ $\beta = 0{,}000065$ m.

Bei derartig kleinen Werten von β dürfte die nicht erfaßbare Wirkung der Sekundärströmungen praktisch vielfach größer sein als der hier allein berücksichtigte Einfluß der Turbulenz. Solche Sekundärströmungen sind stets an den seitlichen Begrenzungen vorhanden, können aber – gerade beim Plattenwärmeaustauscher wegen der wenig wirksamen Stromführung – auch im Innern als Folge von Ungenauigkeiten und von Störungen beim Einströmen auftreten.

Von praktischem Interesse ist außer den niedrigen Absolutwerten von β vor allem der geringe Einfluß der Stoffwerte $\left(\sqrt[8]{\nu}\right.$ bei der ersten Formel). Man kann deshalb wohl allgemein in erster Annäherung

$$\beta \approx K\,d \tag{207}$$

setzen, wobei die Konstante K von der Form der wärmeübertragenden Elemente abhängt und d eine charakteristische Länge bedeutet.

b) Strömung quer zu einem Rohrbündel. Um auch die Kenngröße β für die Strömung quer zu einem Rohrbündel zu erhalten, wurden mit

---

[1] Unsicherheiten liegen vor allem im Verhältnis des Austausches A_ϱ bei Wärmeleitung zu dem für die Schubspannung maßgebenden Austausch A_τ, sowohl wegen der Unterschiede der nach verschiedenen Untersuchungen sich ergebenden Werte als auch wegen der Frage, ob in der hier interessierenden Richtung parallel zur Wand der gleiche Wert wie senkrecht zur Wand verwendet werden darf. Dieses Verhältnis A_ϱ/A_τ wurde zu 1,2 angenommen.

einfachsten Mitteln einige Messungen durchgeführt. Zu diesem Zweck wurden Holzmodelle für zehn bzw. sechs Rohrreihen in Strömungsrichtung untersucht, vor denen quer zu den Rohrachsen ein geheizter dünner Draht angeordnet war. Die Strömungsgeschwindigkeit der Luft vor dem Rohrbündelmodell betrug etwa 13–15 m/sec. Die Kenngröße β wurde aus dem Temperaturverlauf hinter dem Modell errechnet, wobei der dem einfachen Nachlauf des Heizdrahtes entsprechende Wert der Kenngröße β abgezogen wurde. Die Ergebnisse für verschiedene Rohranordnungen sind in Abb. 28 zusammengestellt, und zwar ist hier entsprechend Gl. (207) das Verhältnis β/d der Kenngröße β zum Rohrdurchmesser d eingeschrieben. Die Genauigkeit der Bestimmung von β dürfte etwa $\pm (20 \div 30)\%$ betragen, was für den vorliegenden Zweck ausreicht, so daß auf eine Verfeinerung der Messung verzichtet werden konnte.

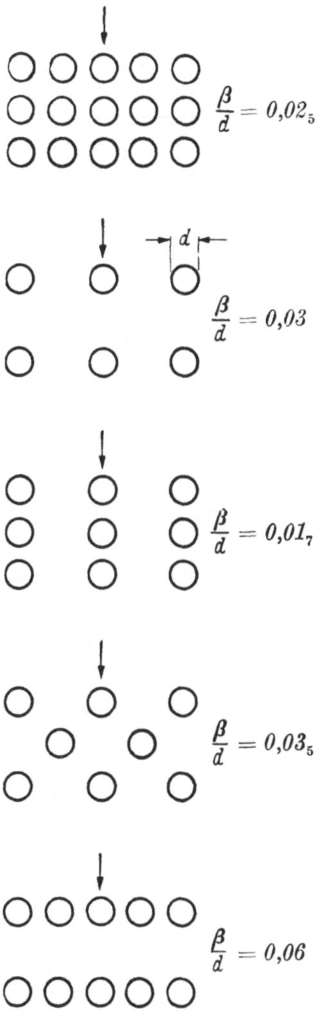

c) Einfluß der Wärmeleitung im strömenden Medium auf die Kenngröße β. Zum Vergleich seien die entsprechenden Werte für β angegeben, die man aus der Wärmeleitfähigkeit für Luft und Wasser erhält. Sie betragen nach Gl. (203) mit λ statt λ_t z.B. für Luft von 1 ata abs und Zimmertemperatur bei 20 m/sec Geschwindigkeit etwa 10^{-6} m, für Wasser bei 2 m/sec Geschwindigkeit etwa 10^{-7} m, sind also jedenfalls verschwindend klein. Nur bei flüssigen Leichtmetallen können in Ausnahmefällen ähnliche Werte wie durch turbulente Vermischung erreicht werden.

Abb. 28. Verhältnis der Kenngröße β zum Rohrdurchmesser d bei Strömung senkrecht zu einem Rohrbündel für verschiedene Rohranordnungen.

III. Kreuzstrom mit Mischung in einem Strom

1. Ausgangsgleichungen

Bei der mathematischen Behandlung des Kreuzstrom-Wärmeaustauschers werden an Stelle der tatsächlichen Längenkoordinaten u, v die dimensionslosen Koordinaten x, y benützt [Gl. (11)]. Ist a [m] die Länge des Wärmeaustauschers in Strömungsrichtung des ersten Stroms (u- bzw. x-Koordinate, s. Abb. 29), b [m] die Breite des Wärmeaustauschers quer zur Strömungsrichtung (v- bzw. y-Koordinate) und sind $x_0 = F\,k/W_\mathrm{I}$ und $y_0 = F\,k/W_\mathrm{II}$ die entsprechenden dimensionslosen Längen bzw. Flächen, so wird

$$u = a\,x/x_0; \quad v = b\,y/y_0. \tag{208}$$

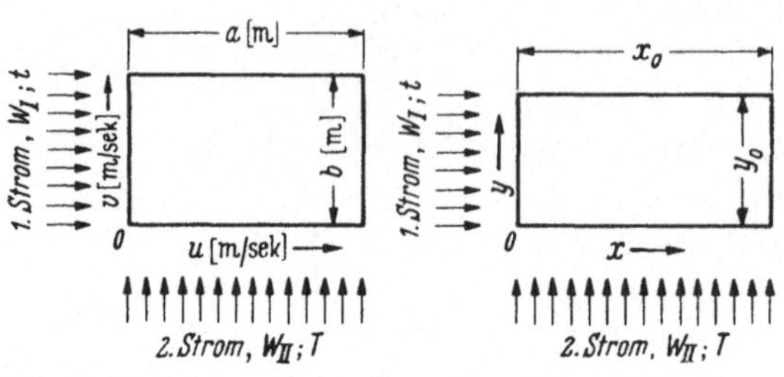

Abb. 29. Bezeichnungen beim Kreuzstrom-Wärmeaustauscher:

t, T [grd]	Temperatur im ersten bzw. zweiten Strom,
W_I, W_II [kcal/h grd]	Wasserwert des ersten bzw. zweiten Stroms,
$x = x_0\,u/a$ $y = y_0\,v/b$	dimensionslose Koordinaten,
$x_0 = Fk/W_\mathrm{I}$ $y_0 = Fk/W_\mathrm{II}$	dimensionslose Flächen bzw. Längen des Wärmeaustauschers,
F [m²]	wärmeübertragende Fläche,
k [kcal/m² h grd]	Wärmedurchgangszahl, bezogen auf F.

Damit geht Gl. (202) über in

$$\frac{\partial t}{\partial x} = \beta^* \frac{\partial^2 t}{\partial y^2}, \tag{209}$$

mit

$$\beta^* = \beta\,\frac{a}{b^2}\,\frac{y_0^2}{x_0}. \tag{210}$$

Gl. (209) gilt für einen isolierten Strom, ohne Wärmeaustausch mit der Umgebung.

Durch Hinzufügen des Gliedes $\beta^*\partial^2 t/\partial y^2$ zu den Grundgleichungen Gl. (10) des Wärmeaustauschers ohne Wärmeleitung erhält man die neuen Gleichungen für die Temperaturen t und T in beiden Strömen beim Wärmeaustauscher mit teilweisem Temperaturausgleich im ersten Strom quer zur Strömungsrichtung.

$$\left.\begin{aligned} \frac{\partial t}{\partial x} &= T - t + \beta^* \frac{\partial^2 t}{\partial y^2} \\ \frac{\partial T}{\partial y} &= t - T. \end{aligned}\right\} \tag{211}$$

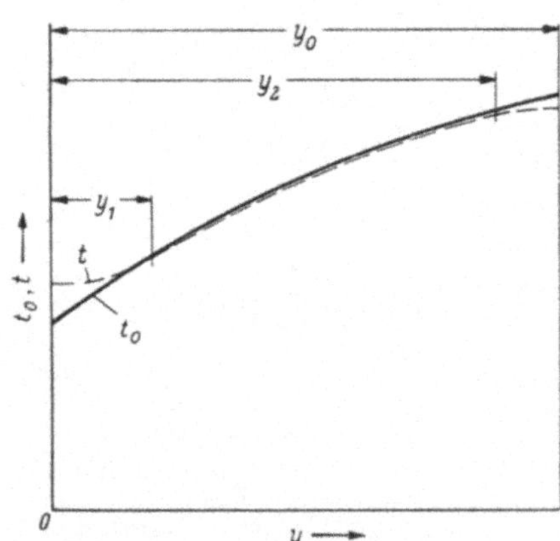

Abb. 30. Temperaturverlauf für den ersten Strom bei konstantem x über y ohne und mit Wärmeleitung in y-Richtung (schematisch).

t_0 ohne Wärmeleitung, t mit Wärmeleitung.

Außer den vorgegebenen Eintrittstemperaturen beider Ströme besteht hier eine weitere Randbedingung für die Temperatur t des ersten Stroms als Folge der durch die Vermischung verursachten Wärmeleitung in Richtung der y-Achse. Betrachtet man nämlich ein beliebiges mit dem strömenden Medium fortbewegtes Flächenelement, das auf einer senkrecht auf der Zeichenebene der Abb. 29 stehenden, zur x-Achse parallelen Ebene liegt, so fließt durch dieses Flächenelement je Zeiteinheit eine Wärmemenge, die dem Differentialquotienten $\partial t/\partial y$ proportional ist. Da kein Wärmeaustausch mit der Umgebung stattfinden kann, ist diese Wärmemenge am Rand bei $y = 0$ und bei $y = y_0$ gleich Null, es gilt also die Randbedingung

$$\left.\begin{array}{l} y = 0 \\ y = y_0 \end{array}\right\} \quad \frac{\partial t}{\partial y} = 0 \,. \tag{212}$$

Stellt beispielsweise in Abb. 30 die ausgezogene Kurve den Temperaturverlauf über y bei konstantem x ohne Wärmeleitung dar, so würde diese etwa in die gestrichelt gezeichnete Kurve übergehen, wenn man die Wärmeleitung berücksichtigt.

2. Für kleine Werte der Kenngröße β gültiges Lösungsverfahren

Die Konstante β^* in Gl. (211) ist nach Gl. (210) von ähnlicher Größenordnung wie β und damit, wie aus dem letzten Abschnitt hervorgeht, sehr klein. Deshalb wird voraussichtlich der Unterschied der Temperatur t bei Berücksichtigung der Wärmeleitung gegenüber der ohne Wärmeleitung berechneten Temperatur t_0 nur gering sein. Es ist also naheliegend, zu versuchen, mit einer ersten Näherung auszukommen, bei der die Konstante β^* und damit auch der Unterschied der Temperaturen t und t_0 und – außer in der Nähe des Randes – auch von deren Ableitungen als verschwindend klein angesehen wird. Dies bedeutet, daß man die tatsächliche Kurve des interessierenden Wärmerückgewinns über β (Abb. 31) durch die Tangente im Punkt $\beta = 0$ ersetzt.

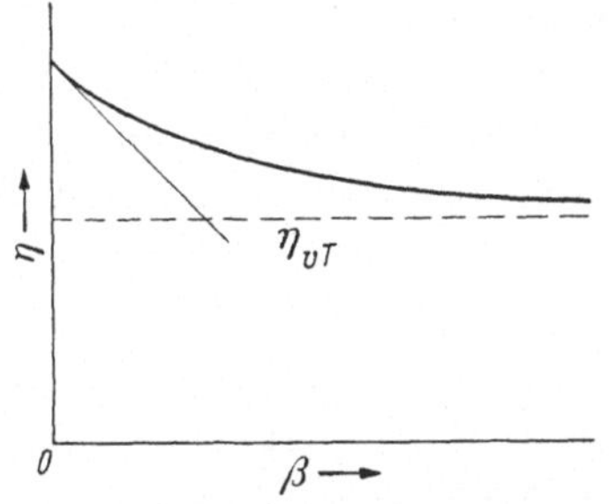

Abb. 31. Wärmerückgewinn η abhängig von der Konstanten β (schematisch).

η_{vT} Wärmerückgewinn bei vollständigem Temperaturausgleich in einem Strom quer zur Strömungsrichtung.

Eine Darstellung der tatsächlichen örtlichen Temperatur t als Summe der Temperatur t_0 beim Kreuzstrom ohne Wärmeleitung und einer weiteren Temperaturfunktion, die bei sehr kleinen Werten von β^* dieser Konstanten proportional ist, ist hier wegen der Randbedingung Gl. (212) grundsätzlich nicht möglich. Deshalb wurde der nachfolgend beschriebene Weg beschritten.

Der Grundgedanke besteht darin, daß man sich die Wärmeleitung durch eine über den ganzen Wärmeaustauscher verteilte kontinuierliche Wärmezufuhr bzw. Wärmeabfuhr ersetzt denkt, die die gleichen Temperaturänderungen bewirkt wie die Wärmeleitung.

Zunächst sollen, ähnlich wie beim Kreuzstrom-Wärmeaustauscher ohne Wärmeleitung, die Temperaturen beider Ströme durch die Temperaturverhältnisse

$$\vartheta = \frac{t - T_e}{t_e - T_e}, \qquad \Theta = \frac{T - T_e}{t_e - T_e}, \qquad (213)$$

ausgedrückt werden, wobei t_e und T_e die Eintrittstemperaturen des ersten bzw. zweiten Stroms bedeuten, d. h. man betrachtet einen Wärmeaustauscher mit den konstanten Eintrittstemperaturen $\vartheta_{x=0} = 1$ für den ersten Strom und $\Theta_{y=0} = 0$ für den zweiten Strom. Als dimensionslose Einheit der Wärmemenge (gekennzeichnet durch Querstrich) wird diejenige Wärmemenge eingeführt, die je Zeiteinheit im ersten Strom auf der Breite $\Delta y = 1$ eine Temperaturerhöhung von $\Delta \vartheta = 1$ bewirkt. Ist $\bar{q}_f$ die je Zeiteinheit und je Flächeneinheit der $x - y$-Ebene durch Vermischung zugeführte Wärmemenge für den Punkt x, y, so bewirkt diese im Punkt x, y eine Temperaturänderung $d\vartheta_\beta = \bar{q}_f dx$. $d\vartheta_\beta$ ist dabei die durch Wärmeleitung unmittelbar bewirkte Temperaturänderung, die sich der durch Wärmeübertragung zwischen beiden Strömen verursachten Temperaturänderung überlagert[1]. Damit wird nach Gl. (209) für eine beliebige Stelle des Wärmeaustauschers

$$\bar{q}_f = \frac{\partial \vartheta_\beta}{\partial x} = \beta * \frac{\partial^2 \vartheta}{\partial y^2}. \qquad (214)$$

Um eine Näherungslösung zu finden, muß man nun unterscheiden zwischen den beiden Randstreifen, zwischen $y = 0$ und y_1 bzw. zwischen y_2 und y_0 (s. Abb. 30, 32), in denen der Einfluß der Grenzbedingungen Gl. (212) fühlbar ist, und dem mittleren Bereich zwischen y_1 und y_2. Für den letzteren kann genügend genau $\partial \vartheta / \partial y = \partial \vartheta_0 / \partial y$ gesetzt werden,

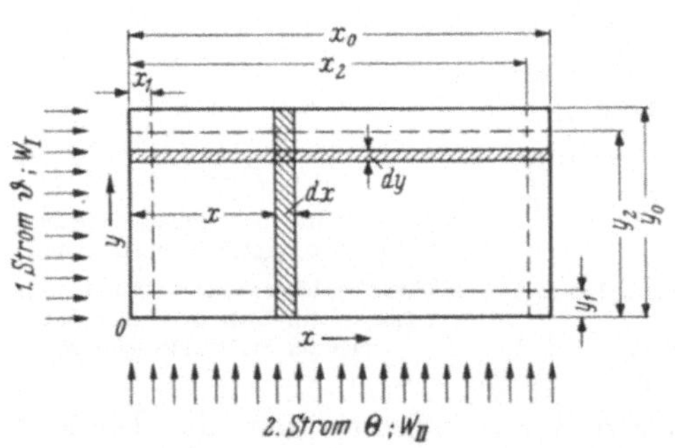

Abb. 32. Kreuzstrom-Wärmeaustauscher.

wobei ϑ_0 die Temperatur beim Kreuzstrom-Wärmeaustauscher ohne Wärmeleitung nach Gl. (22) bedeutet. Es gilt also für den mittleren Bereich näherungsweise

$$\bar{q}_f = \frac{\partial \vartheta_\beta}{\partial x} = \beta * \frac{\partial^2 \vartheta_0}{\partial y^2}. \qquad (214\,\mathrm{a})$$

Man betrachtet nun die auf einem vertikalen Streifen von der Breite dx (Abb. 32) durch Vermischung zugeführten Wärmemengen. Die zwischen 0 und y_1 zugeführte Wärmemenge $d\bar{q}_{0,y_1}$ erhält man durch Integration der Gl. (214)

zwischen 0 und y_1 unter Berücksichtigung der Randbedingung Gl. (212)

$$\left.\begin{aligned}
d\bar{q}_{0,\,y_1} &= dx\int_0^{y_1}\frac{\partial\vartheta_\beta}{\partial x}\,dy = dx\,\beta^*\left[\left(\frac{\partial\vartheta}{\partial y}\right)_{y_1} - \left(\frac{\partial\vartheta}{\partial y}\right)_{y=0}\right]\\
&= dx\,\beta^*\left(\frac{\partial\vartheta}{\partial y}\right)_{y_1} = dx\,\beta^*\left(\frac{\partial\vartheta_0}{\partial y}\right)_{y_1}.
\end{aligned}\right\} \tag{215}$$

Je kleiner β^* wird, desto mehr schrumpft die Randzone zwischen 0 und y_1 zusammen, und zwar, da $(\vartheta - \vartheta_0)_{y=0}$ und y_1 gleichzeitig abnehmen, in der Größenordnung mit $\sqrt{\beta^*}$. Man kann also für sehr kleine Werte von β^* die Randbedingung Gl. (212) durch Wärmezufuhr am Rand bei $y = 0$ ersetzen, d. h. an Stelle des Integrals in Gl. (215) dessen Grenzwert für $y_1 \to 0$ einführen

$$d\bar{q}_{y=0} = dx\lim_{y_1\to 0}\int_0^{y_1}\frac{\partial\vartheta_\beta}{\partial x}\,dy = dx\,\beta^*\left(\frac{\partial\vartheta_0}{\partial y}\right)_{y=0}. \tag{216}$$

Das gleiche gilt sinngemäß für die zweite Randbedingung bei $y = y_0$ mit

$$d\bar{q}_{y_0} = dx\lim_{y_2\to y_0}\int_{y_2}^{y_0}\frac{\partial\vartheta_\beta}{\partial x}\,dy = -dx\,\beta^*\left(\frac{\partial\vartheta_0}{\partial y}\right)_{y=y_0}. \tag{216a}$$

Die im inneren Teil zwischen y_1 und y_2, also im Grenzfall zwischen 0 und y_0, zugeführte Wärmemenge ist

$$d\bar{q}_{0,\,y_0} = dx\lim_{y_1\to 0;\,y_2\to y_0}\int_{y_1}^{y_2}\frac{\partial\vartheta_\beta}{\partial x}\,dy = dx\,\beta^*\left[\left(\frac{\partial\vartheta_0}{\partial y}\right)_{y=y_0} - \left(\frac{\partial\vartheta_0}{\partial y}\right)_{y=0}\right]. \tag{217}$$

Die Summe der auf einem vertikalen Streifen (Abb. 32) zugeführten Wärmemengen ist also in Übereinstimmung mit den Voraussetzungen gleich Null.

Trotzdem tritt eine Änderung des Wärmerückgewinns auf, weil der Wärmerückgewinn für an verschiedenen Stellen des Wärmeaustauschers zugeführte Wärmemengen verschieden ist. Dieser partielle Wärmerückgewinn $\eta_{00\,\mathrm{I}}$ für eine an beliebiger Stelle x, y des Kreuzstrom-Wärmeaustauschers von den dimensionslosen Abmessungen x_0, y_0 dem ersten Strom zugeführte Wärmemenge ist nach Gl. (48)

$$\eta_{00\,\mathrm{I}} = 1 - \vartheta_0\,(x_0 - x,\ y_0 - y). \tag{218}$$

Die auf dem Flächenelement $dx\,dy$ zugeführte Wärmemenge $d^2\bar{q} = (\partial\vartheta_\beta/\partial x)\,dx\,dy$ bewirkt eine Änderung $d^2\bar{q}_a$ der im ersten Strom am

Austritt enthaltenen Wärmemenge $\bar{q}_a = \int\limits_0^{y_0} \vartheta_{x=x_0}\, dy$ von

$$d^2\bar{q}_a = \frac{\partial\vartheta_\beta}{\partial x}(1 - \eta_{00\mathrm{I}})\, dx\, dy = \frac{\partial\vartheta_\beta}{\partial x}\,\vartheta_0(x_0 - x,\, y_0 - y)\, dx\, dy,$$

oder eine Änderung $d^2\vartheta_a$ der mittleren Austrittstemperatur ϑ_a von

$$d^2\vartheta_a = \frac{1}{y_0}\,\frac{\partial\vartheta_\beta}{\partial x}\,\vartheta_0(x_0 - x,\, y_0 - y)\, dx\, dy. \tag{219}$$

Die gesamte Änderung $\delta\vartheta_a$ der mittleren Austrittstemperatur erhält man durch Integration über den ganzen Wärmeaustauscher, unter Einbeziehung der am Rand zu- bzw. abgeführten Wärmemengen nach Gl. (216, 216a), mit Gl. (214a), zu

$$\delta\vartheta_a = \frac{\beta^*}{y_0}\int\limits_0^{x_0}\left[\left(\frac{\partial\vartheta_0}{\partial y}\right)_{y=0}\vartheta_0(x_0 - x,\, y_0) - \left(\frac{\partial\vartheta_0}{\partial y}\right)_{y=y_0}\vartheta_0(x_0 - x,\, 0) \right.$$
$$\left. + \int\limits_0^{y_0}\frac{\partial^2\vartheta_0}{\partial y^2}\,\vartheta_0(x_0 - x,\, y_0 - y)\, dy\right] dx. \tag{220}$$

Durch Teilintegration erhält man weiter

$$\int\limits_0^{y_0}\frac{\partial^2\vartheta_0}{\partial y^2}\,\vartheta_0(x_0 - x,\, y_0 - y)\, dy = \left(\frac{\partial\vartheta_0}{\partial y}\right)_{y=y_0}\vartheta_0(x_0 - x,\, 0) - $$
$$- \left(\frac{\partial\vartheta_0}{\partial y}\right)_{y=0}\vartheta_0(x_0 - x,\, y_0) - \int\limits_0^{y_0}\frac{\partial\vartheta_0}{\partial y}\,\frac{\partial\vartheta_0(x_0 - x,\, y_0 - y)}{\partial y}\, dy,$$

und mit

$$\frac{\partial\vartheta_0(x_0 - x,\, y_0 - y)}{\partial y} = -\left(\frac{\partial\vartheta_0}{\partial y}\right)_{x_0 - x,\, y_0 - y},$$

$$\delta\vartheta_a = \frac{\beta^*}{y_0}\int\limits_0^{x_0}\int\limits_0^{y_0}\left(\frac{\partial\vartheta_0}{\partial y}\right)_{x,\,y}\left(\frac{\partial\vartheta_0}{\partial y}\right)_{x_0 - x,\, y_0 - y}\, dy\, dx. \tag{221}$$

Der Änderung $\delta\vartheta_a$ der Austrittstemperatur entspricht eine Änderung $\eta - \eta_0$ des Wärmerückgewinns gegenüber dem Wärmeaustauscher ohne Vermischung von

$$\eta - \eta_0 = -\delta\vartheta_a. \tag{222}$$

Mit β^* nach Gl. (210) wird also

$$\eta - \eta_0 = -\beta\,\frac{a}{b^2}\,\frac{y_0}{x_0}\int\limits_0^{x_0}\int\limits_0^{y_0}\left(\frac{\partial\vartheta_0}{\partial y}\right)_{x,\,y}\left(\frac{\partial\vartheta_0}{\partial y}\right)_{x_0 - x,\, y_0 - y}\, dy\, dx. \tag{223}$$

3. Mathematische Umformung der erhaltenen Lösung

Die Temperatur ϑ_0 des ersten Stroms ist nach Gl. (22) des ersten Teils

$$
\begin{aligned}
\vartheta_0 = \mathrm{e}^{-(x+y)} \Bigg[&\left(1 + \frac{y}{1!} + \frac{y^2}{2!} + \frac{y^3}{3!} + \frac{y^4}{4!} + \frac{y^5}{5!} + \cdots\right) \\
&+ \frac{x}{1!}\left(\frac{y}{1!} + \frac{y^2}{2!} + \frac{y^3}{3!} + \frac{y^4}{4!} + \frac{y^5}{5!} + \cdots\right) \\
&+ \frac{x^2}{2!}\left(\frac{y^2}{2!} + \frac{y^3}{3!} + \frac{y^4}{4!} + \frac{y^5}{5!} + \cdots\right) \\
&+ \frac{x^3}{3!}\left(\frac{y^3}{3!} + \frac{y^4}{4!} + \frac{y^5}{5!} + \cdots\right) \\
&+ \quad \cdots \cdots \cdots \cdots \cdots \Bigg].
\end{aligned}
\qquad (224)
$$

Daraus folgt mit

$$
\frac{d}{dz}\left(\mathrm{e}^{-z}\frac{z^m}{m!}\right) = \mathrm{e}^{-z}\left(\frac{z^{m-1}}{(m-1)!} - \frac{z^m}{m!}\right)
$$

$$
\begin{aligned}
\frac{\partial \vartheta_0}{\partial y} &= \mathrm{e}^{-(x+y)}\left(\frac{x}{1!} + \frac{x^2}{2!}\frac{y}{1!} + \frac{x^3}{3!}\frac{y^2}{2!} + \frac{x^4}{4!}\frac{y^3}{3!} + \cdots\right) \\
&= \mathrm{e}^{-(x+y)}\,x\sum_{\nu=0}^{\infty}\frac{(xy)^\nu}{\nu!(\nu+1)!} = \mathrm{e}^{-(x+y)}\sqrt{\frac{x}{y}}\left[-iJ_1\left(2i\sqrt{xy}\right)\right],
\end{aligned}
\qquad (225)
$$

$$
\begin{aligned}
\frac{\partial \vartheta_0}{\partial x} &= -\mathrm{e}^{-(x+y)}\left(1 + \frac{x}{1!}\frac{y}{1!} + \frac{x^2}{2!}\frac{y^2}{2!} + \frac{x^3}{3!}\frac{y^3}{3!} + \cdots\right) \\
&= -\mathrm{e}^{-(x+y)}\sum_{\nu=0}^{\infty}\frac{(xy)^\nu}{(\nu!)^2} = -\mathrm{e}^{-(x+y)}J_0\left(2i\sqrt{xy}\right).
\end{aligned}
\qquad (225\,\mathrm{a})
$$

Dabei bedeutet J_p die BESSELsche Funktion p-ter Ordnung[1] ($p = 0,$
$1, \ldots$):

$$
J_p\left(2i\sqrt{z}\right) = \left(i\sqrt{z}\right)^p\left(\frac{1}{p!} + \frac{z}{1!(p+1)!} + \frac{z^2}{2!(p+2)!} + \frac{z^3}{3!(p+3)!} + \cdots\right).
$$

Für die Temperatur Θ_0 des zweiten Stroms ist wegen $\Theta_0(x, y) = 1 -$
$-\vartheta_0(y, x)$ [Gl. (30)] und mit $\partial\vartheta_0(y, x)/\partial y = \partial\vartheta_0(x, y)/\partial x$ nach Gl. (225 a)

$$
\frac{\partial \Theta_0}{\partial y} = -\frac{\partial \vartheta_0}{\partial x},
\qquad (225\,\mathrm{b})
$$

$$
\begin{aligned}
\frac{\partial \Theta_0}{\partial x} &= -\mathrm{e}^{-(x+y)}\left(\frac{y}{1!} + \frac{y^2}{2!}\frac{x}{1!} + \frac{y^3}{3!}\frac{x^2}{2!} + \frac{y^4}{4!}\frac{x^3}{3!} + \cdots\right) \\
&= -\mathrm{e}^{-(x+y)}\,y\sum_{\nu=0}^{\infty}\frac{(xy)^\nu}{\nu!(\nu+1)!} \\
&= -\mathrm{e}^{-(x+y)}\sqrt{\frac{y}{x}}\left[-iJ_1\left(2i\sqrt{xy}\right)\right].
\end{aligned}
\qquad (225\,\mathrm{c})
$$

---

[1] Siehe JAHNKE-EMDE: Tafeln höherer Funktionen, S. 127. Diagramme und Zahlentafeln, 1948, S. 220–229. Leipzig: Teubner.

5* E

Der Vollständigkeit halber wurden hier bereits die erst später benötigten weiteren Ableitungen der Temperaturen mit aufgeführt.

Durch Einsetzen von $\partial\vartheta_0/\partial y$ in Gl. (223) erhält man

$$
\begin{aligned}
\eta - \eta_0 &= -\beta\,\frac{a}{b^2}\,\frac{y_0}{x_0}\int_0^{x_0}\!\!\int_0^{y_0} e^{-(x+y)}\sqrt{\frac{x}{y}}\left[-iJ_1\!\left(2i\sqrt{xy}\right)\right]\times\\
&\qquad\times e^{-(x_0-x+y_0-y)}\sqrt{\frac{x_0-x}{y_0-y}}\times\\
&\qquad\times\left[-iJ_1\!\left(2i\sqrt{(x_0-x)(y_0-y)}\right)\right]dy\,dx\\[4pt]
&= -\beta\,\frac{a}{b^2}\,\frac{y_0}{x_0}\,e^{-(x_0+y_0)}\int_0^{x_0}\!\!\int_0^{y_0}\sqrt{\frac{x(x_0-x)}{y(y_0-y)}}\times\\
&\qquad\times\left[-iJ_1\!\left(2i\sqrt{xy}\right)\right]\!\left[-iJ_1\!\left(2i\sqrt{(x_0-x)(y_0-y)}\right)\right]dy\,dx\\[4pt]
&= -\beta\,\frac{a}{b^2}\,\frac{y_0}{x_0}\,e^{-(x_0+y_0)}\int_0^{x_0}\!\!\int_0^{y_0}\Bigg(x+\frac{x^2y}{1!\,2!}+\frac{x^3y^2}{2!\,3!}+\frac{x^4y^3}{3!\,4!}+\\
&\qquad\qquad +\frac{x^5y^4}{4!\,5!}+\cdots\Bigg)\times\\
&\qquad\times\Bigg((x_0-x)+\frac{(x_0-x)^2(y_0-y)}{1!\,2!}+\frac{(x_0-x)^3(y_0-y)^2}{2!\,3!}+\\
&\qquad\qquad +\frac{(x_0-x)^4(y_0-y)^3}{3!\,4!}+\cdots\Bigg)dy\,dx\,.
\end{aligned}
\tag{226}
$$

Um auch die später auftretenden ähnlichen Ausdrücke mit zu erfassen, möge an Stelle des Doppelintegrals der folgende allgemeinere Ausdruck betrachtet werden:

$$
\begin{aligned}
Z &= \int_0^{x_0}\!\!\int_0^{y_0}\left(-i\sqrt{\frac{x}{y}}\right)^{\!p} J_p\!\left(2i\sqrt{xy}\right)\left(-i\sqrt{\frac{x_0-x}{y_0-y}}\right)^{\!q}\times\\
&\qquad\times J_q\!\left(2i\sqrt{(x_0-x)(y_0-y)}\right)dy\,dx\\[4pt]
&= \int_0^{x_0}\!\!\int_0^{y_0}\Bigg(\frac{x^p}{p!}+\frac{x^{p+1}}{(p+1)!}\,\frac{y}{1!}+\frac{x^{p+2}}{(p+2)!}\,\frac{y^2}{2!}+\\
&\qquad\qquad +\frac{x^{p+3}}{(p+3)!}\,\frac{y^3}{3!}+\frac{x^{p+4}}{(p+4)!}\,\frac{y^4}{4!}+\cdots\Bigg)\times\\
&\qquad\times\Bigg(\frac{(x_0-x)^q}{q!}+\frac{(x_0-x)^{q+1}}{(q+1)!}\,\frac{y_0-y}{1!}+\frac{(x_0-x)^{q+2}}{(q+2)!}\,\frac{(y_0-y)^2}{2!}+\\
&\qquad\qquad +\frac{(x_0-x)^{q+3}}{(q+3)!}\,\frac{(y_0-y)^3}{3!}+\cdots\Bigg)dy\,dx\,.
\end{aligned}
\tag{227}
$$

Durch Ausmultiplizieren erhält man

$$
\begin{aligned}
Z = \int_0^{x_0}\!\!\int_0^{y_0} \Bigg[&\frac{x^p}{p!}\,\frac{(x_0-x)^q}{q!} + \frac{x^p}{p!}\,\frac{(x_0-x)^{q+1}}{(q+1)!}\,\frac{y_0-y}{1!} + \\
&+ \frac{x^{p+1}}{(p+1)!}\,\frac{(x_0-x)^q}{q!}\,\frac{y}{1!} + \frac{x^p}{p!}\,\frac{(x_0-x)^{q+2}}{(q+2)!}\,\frac{(y_0-y)^2}{2!} + \\
&+ \frac{x^{p+1}}{(p+1)!}\,\frac{(x_0-x)^{q+1}}{(q+1)!}\,\frac{y}{1!}\,\frac{(y_0-y)}{1!} + \frac{x^{p+2}}{(p+2)!}\,\frac{(x_0-x)^q}{q!}\,\frac{y^2}{2!} + \\
&+ \frac{x^p}{p!}\,\frac{(x_0-x)^{q+3}}{(q+3)!}\,\frac{(y_0-y)^3}{3!} + \frac{x^{p+1}}{(p+1)!}\,\frac{(x_0-x)^{q+2}}{(q+2)!}\,\frac{y}{1!} \times \\
&\times \frac{(y_0-y)^2}{2!} + \frac{x^{p+2}}{(p+2)!}\,\frac{(x_0-x)^{q+1}}{(q+1)!}\,\frac{y^2}{2!}\,\frac{(y_0-y)}{1!} + \\
&- \frac{x^{p+3}}{(p+3)!}\,\frac{(x_0-x)^q}{q!}\,\frac{y^3}{3!} + \cdots \Bigg]\,dy\,dx \\[2mm]
= \int_0^{x_0}\!\!\int_0^{y_0} \Bigg[&\sum_{\nu=0}^{\infty} \bigg(\sum_{\mu=0}^{\nu} \frac{x^{p+\mu}}{(p+\mu)!}\,\frac{(x_0-x)^{q+\nu-\mu}}{(q+\nu-\mu)!}\,\frac{y^\mu}{\mu!} \times \\
&\times \frac{(y_0-y)^{\nu-\mu}}{(\nu-\mu)!} \bigg) \Bigg]\,dy\,dx .
\end{aligned} \tag{227a}
$$

Nun ist allgemein, wie sich leicht durch Teilintegration zeigen läßt,

$$
\int_0^{z_0} \frac{z^m}{m!}\,\frac{(z_0-z)^n}{n!}\,dz = \frac{z_0^{m+n+1}}{(m+n+1)!} . \tag{227b}
$$

Durch Integration der einzelnen Glieder erhält man damit

$$
\begin{aligned}
Z &= \int_0^{x_0} \Bigg[\sum_{\nu=0}^{\infty} \bigg(\frac{y_0^{\nu+1}}{(\nu+1)!} \sum_{\mu=0}^{\nu} \frac{x^{p+\mu}}{(p+\mu)!}\,\frac{(x_0-x)^{q+\nu-\mu}}{(q+\nu-\mu)!} \bigg) \Bigg]\,dx \\
&= \sum_{\nu=0}^{\infty} \bigg(\frac{y_0^{\nu+1}}{(\nu+1)!}\,\frac{x_0^{p+q+\nu+1}}{(p+q+\nu+1)!}\,(\nu+1) \bigg) \\
&= \sum_{\nu=0}^{\infty} \frac{x_0^{p+q+1+\nu}}{(p+q+1+\nu)!}\,\frac{y_0^{\nu+1}}{\nu!} = x_0^{p+q+1}\,y_0 \times \\
&\times \sum_{\nu=0}^{\infty} \frac{(x_0 y_0)^\nu}{\nu!\,(\nu+p+q+1)!} = y_0 \left(-i\,\sqrt{\frac{x_0}{y_0}} \right)^{p+q+1} \times \\
&\times J_{p+q+1}\!\left(2i\,\sqrt{x_0 y_0} \right),
\end{aligned} \tag{228}
$$

wobei wieder J_{p+q+1} die BESSELsche Funktion $(p+q+1)$ter Ordnung bedeutet.

Der Wert des Doppelintegrals in Gl. (226) ist also mit $p = q = 1$

$$x_0^{3/2}\, y_0^{-1/2}\, i\, J_3\!\left(2\, i\, \sqrt{x_0\, y_0}\right).$$

Damit wird

$$\eta - \eta_0 = -\beta\, \frac{a}{b^2}\, e^{-(x_0+y_0)}\, \sqrt{x_0\, y_0}\; i\, J_3\!\left(2\, i\, \sqrt{x_0\, y_0}\right) = -\beta\, \frac{a}{b^2}\, A_M. \tag{229}$$

Dies ist die Änderung des Wärmerückgewinns für den Strom, in dem die Vermischung stattfindet. Bezieht man allgemein den Wärmerückgewinn auf den Strom mit dem kleineren Wasserwert, so ist für $y_0 > x_0$ die rechte Seite von Gl. (229) noch mit $w = W_I/W_{II} = y_0/x_0$ zu multiplizieren. Eine Darstellung von A_M in Gl. (229) findet sich im letzten Abschnitt.

IV. Kreuzstrom mit Wärmeleitung in den wärmeübertragenden Elementen

1. Ausgangsgleichungen

Bei der Untersuchung des Einflusses der Wärmeleitung in den wärmeübertragenden Elementen (z.B. einem Rohrbündel) soll Wärmeleitung in Richtung des ersten Stroms, also in Richtung der u- bzw. x-Achse (s. Abb. 29), angenommen werden. In ihrem Grundgedanken schließt sich die Ableitung weitgehend an diejenige für Mischung in einem Strom an.

Im folgenden bedeutet:

$S\ [\mathrm{m^2}]$	den für die Wärmeleitung maßgebenden Gesamtquerschnitt der wärmeübertragenden Elemente senkrecht zur u- bzw. x-Achse,
$t_w\ [\mathrm{grd}]$	die örtlich veränderliche Oberflächentemperatur,
$\lambda\ [\mathrm{kcal/m\,h\,grd}]$	die Wärmeleitfähigkeit für das Material der wärmeübertragenden Elemente,
$\alpha_I,\ \alpha_{II}\ [\mathrm{kcal/m^2 h\,grd}]$	die Wärmeübergangszahl zwischen dem wärmeübertragenden Element und dem ersten bzw. zweiten Strom,
$F_I,\ F_{II}\ [\mathrm{m^2}]$	die gesamte wärmeübertragende Oberfläche gegenüber dem ersten bzw. zweiten Strom,
$a, b\ [\mathrm{m}]$	Länge bzw. Breite des Wärmeaustauschers in Richtung der u- bzw. v-Achse (s. Abb. 29).

$$\varkappa = \frac{\alpha_I F_I}{\alpha_I F_I + \alpha_{II} F_{II}}$$

Der Temperaturabfall in den wärmeübertragenden Elementen senkrecht zu den wärmeübertragenden Oberflächen möge vernachlässigt werden.

Die in den wärmeübertragenden Elementen in Richtung der u-Achse strömende Wärme wird den strömenden Medien entnommen und an anderer Stelle wieder an sie abgeführt. Die örtlich veränderliche je Einheit der Grundfläche und der Zeit an die strömenden Medien abgegebene Wärmemenge $\dot{q}$ [kcal/m²h] erhält man aus dem Wärmestrom $\lambda\,(S/b)\,\partial t_w/\partial u$ je Einheit der Breite b in den wärmeübertragenden Elementen durch Differentiation nach u

$$\dot{q} = \frac{S}{b}\,\lambda\,\frac{\partial^2 t_w}{\partial u^2}\,, \tag{230}$$

für ein Flächenelement $du\,dv$ ist also die je Zeiteinheit übertragene Wärmemenge

$$d^2 q = \frac{S}{b}\,\lambda\,\frac{\partial^2 t_w}{\partial u^2}\,du\,dv\,. \tag{230a}$$

Die Verteilung dieser Wärmemenge auf beide Ströme ergibt sich aus folgender Überlegung. Offenbar bleibt der Verlauf der Temperaturen beider Ströme unverändert, wenn man sich die wärmeübertragenden Elemente nichtleitend vorstellt und dafür in anderer Weise beiden Strömen überall im Wärmeaustauscher die gleiche Wärmemenge wie bei Wärmeleitung zuführt bzw. sie abführt. Da jetzt Gl. (230a) nicht mehr erfüllt sein muß, kann man die in einem Flächenelement $du\,dv$ an beide Ströme übertragene Wärmemenge durch Änderung der Wandtemperatur t_w an diesem Flächenelement beliebig ändern. Dieser Wärmefluß überlagert sich dem Wärmefluß beim Wärmeaustauscher ohne Wärmeleitung. Ist δt_w die Zunahme der Wandtemperatur bei einer Änderung der übertragenen Wärmemenge von 0 auf $d^2 q$, so gilt die Beziehung

$$d^2 q = \alpha_{\mathrm{I}}\,\delta t_w F_{\mathrm{I}}\,du\,dv/ab + a_{\mathrm{II}}\,\delta t_w F_{\mathrm{II}}\,du\,dv/ab = d^2 q_{\mathrm{I}} + d^2 q_{\mathrm{II}}\,.$$

Die Wärmemenge $d^2 q$ nach Gl. (230a) verteilt sich somit auf beide Ströme im Verhältnis der Produkte aus Wärmeübergangszahl und wärmeübertragender Fläche $\alpha_{\mathrm{I}} F_{\mathrm{I}}$ und $\alpha_{\mathrm{II}} F_{\mathrm{II}}$. Es ist also für den ersten Strom

$$d^2 q_{\mathrm{I}} = \frac{\alpha_{\mathrm{I}} F_{\mathrm{I}}}{\alpha_{\mathrm{I}} F_{\mathrm{I}} + \alpha_{\mathrm{II}} F_{\mathrm{II}}}\,\frac{S}{b}\,\lambda\,\frac{\partial^2 t_w}{\partial u^2}\,du\,dv = \varkappa\,\frac{S}{b}\,\lambda\,\frac{\partial^2 t_w}{\partial u^2}\,du\,dv\,, \tag{231}$$

und für den zweiten Strom

$$d^2 q_{\mathrm{II}} = \frac{\alpha_{\mathrm{II}} F_{\mathrm{II}}}{\alpha_{\mathrm{I}} F_{\mathrm{I}} + \alpha_{\mathrm{II}} F_{\mathrm{II}}}\,\frac{S}{b}\,\lambda\,\frac{\partial^2 t_w}{\partial u^2}\,du\,dv = (1 - \varkappa)\,\frac{S}{b}\,\lambda\,\frac{\partial^2 t_w}{\partial u^2}\,du\,dv\,. \tag{231a}$$

Die Wasserwerte dW_{I}, dW_{II} der Teilströme, die die auf das Flächenelement $du\,dv$ treffende übertragene Wärmemenge aufnehmen, folgen unmittelbar aus den Wasserwerten W_{I} und W_{II} [kcal/h grd] für die Gesamtströme. Es ist für den ersten bzw. zweiten Strom

$$\left.\begin{aligned} dW_{\mathrm{I}} &= \frac{W_{\mathrm{I}}}{b}\,dv\,, \\[1ex] dW_{\mathrm{II}} &= \frac{W_{\mathrm{II}}}{a}\,du = \frac{W_{\mathrm{I}} x_0}{a\,y_0}\,du\,, \end{aligned}\right\} \tag{232}$$

mit $W_{\mathrm{I}}/W_{\mathrm{II}} = y_0/x_0$.

Die durch die Wärmeleitung in den wärmeübertragenden Elementen unmittelbar verursachten Temperaturänderungen dt_β bzw. dT_β im ersten und zweiten Strom, die sich den Temperaturänderungen durch Wärmeübertragung zwischen beiden Strömen überlagern, ergeben sich damit aus

$$\left.\begin{aligned}
\frac{\partial t_\beta}{\partial u} &= \frac{d^2 q_\mathrm{I}}{d W_\mathrm{I}\, d u} = \varkappa\, \beta_l \frac{\partial^2 t_w}{\partial u^2}\,, \\[2mm]
\frac{\partial T_\beta}{\partial v} &= \frac{d^2 q_\mathrm{II}}{d W_\mathrm{II}\, d v} = (1-\varkappa)\, \frac{y_0}{x_0}\, \frac{a}{b}\, \beta_l \frac{\partial^2 t_w}{\partial u^2}\,,
\end{aligned}\right\}
\qquad (233)$$

wenn man

$$\frac{S\,\lambda}{W_\mathrm{I}} = \beta_l \quad [\mathrm{m}]. \qquad (234)$$

setzt.

Ersetzt man schließlich in diesen Gleichungen nach Gl. (208) u und v durch die dimensionslosen Koordinaten x und y, so wird

$$\frac{\partial t_\beta}{\partial x} = \varkappa\, \beta_l \frac{x_0}{a}\, \frac{\partial^2 t_w}{\partial x^2}\,, \qquad (235)$$

$$\frac{\partial T_\beta}{\partial y} = (1-\varkappa)\, \beta_l \frac{x_0}{a}\, \frac{\partial^2 t_w}{\partial x^2}\,. \qquad (235\,\mathrm{a})$$

Durch Hinzufügen dieser Glieder zur ersten bzw. zweiten Zeile der Grundgleichungen Gl. (10) des Kreuzstrom-Wärmeaustauschers ohne Wärmeleitung würde man die exakten Gleichungen für den Kreuzstrom-Wärmeaustauscher mit Wärmeleitung erhalten, die aber nicht weiter verfolgt werden sollen.

Da kein Wärmeaustausch mit der Umgebung stattfinden soll, muß die in Richtung der x-Achse in den wärmeübertragenden Elementen strömende Wärmemenge bei $x = 0$ und $x = x_0$ gleich Null sein. Diese Wärmemenge ist proportional $\partial t_w/\partial x$, es gilt also die Randbedingung

$$\frac{\partial t_w}{\partial x} = 0 \quad \text{für} \quad \begin{aligned} x &= 0 \\ x &= x_0\,. \end{aligned} \qquad (236)$$

An den beiden anderen Berandungen $y = 0$ und $y = y_0$ besteht keine solche Randbedingung, weil voraussetzungsgemäß in der y-Richtung keine Wärmeleitung auftreten soll.

Um einen Begriff von der Größenordnung von β_l zu bekommen, möge ein einfaches Beispiel betrachtet werden. Bei Luft von Umgebungszustand, die mit 20 m/sec Geschwindigkeit strömt, sei der für die Wärmeleitung maßgebende Querschnitt der wärmeübertragenden Elemente 20% des freien Querschnitts im ersten Strom. Damit erhält man für Eisen als Werkstoff $\beta_l = 0{,}0004$, für Kupfer $\beta_l = 0{,}003$, also für Eisen einen Wert in ähnlicher Größenordnung wie oben für β, bei Werkstoffen hoher Wärmeleitfähigkeit dagegen wesentlich größere Werte, die aber absolut genommen immer noch sehr niedrig sind.

Man kann also auch hier die Rechnung unter der Voraussetzung sehr kleiner Werte von β_l durchführen und die analogen Überlegungen wie oben anwenden[1].

2. Für kleine Werte der Kenngröße β_l gültiges Lösungsverfahren

Zunächst sollen in Gl. (235), (235a) die Temperaturen t_β, T_β, t_w nach Gl. (213) durch die Temperaturverhältnisse ϑ_β, Θ_β, ϑ_w ersetzt werden, weiter sollen, ähnlich wie S. 66, die dimensionslosen an den ersten bzw. zweiten Strom je Flächeneinheit der x-y-Ebene durch Wärmeleitung übertragenen Wärmemengen $\overline{q}_{fI}$ bzw. $\overline{q}_{fII}$ eingeführt werden. Damit er-

---

[1] Eine mathematisch exakte Lösung erhält man für den Sonderfall $w = 0$. Hier ist T (bzw. Θ) konstant und damit gehen die partiellen Differentialgleichungen in gewöhnliche Differentialgleichungen über. Die Ausgangsgleichungen lauten hier:

$$\frac{S}{b}\,\lambda\,\frac{d^2 t_w}{d u^2} = \alpha_I \frac{F_I}{a\,b}\,(t_w - t) + \frac{\alpha_{II} F_{II}}{a\,b}\,(t_w - T),$$

$$\frac{W_I}{b}\,\frac{d t}{d u} = \frac{\alpha_I F_I}{a\,b}\,(t_w - t).$$

Die Lösung für t (und mit anderen Konstanten auch für t_w) hat die Form

$$t - T = A\,\mathrm{e}^{r_1 x} + B\,\mathrm{e}^{r_2 x} + C\,\mathrm{e}^{r_3 x},$$

dabei sind A, B und C aus den Grenzbedingungen zu bestimmende Konstante und r_1, r_2 und r_3 die drei reellen Wurzeln der Gleichung dritten Grades

$$\frac{\beta_l}{a}\,x_0\varkappa\,(1 - \varkappa)\,r^3 + \frac{\beta_l}{a}\,x_0\varkappa\,r^2 - r - 1 = 0.$$

Mit einigen Vereinfachungen wurde aus der exakten Lösung durch Reihenentwicklung nach β_l bzw. $\sqrt{\beta_l}$ folgende Näherungsgleichung für die Änderung $\eta - \eta_0$ des Wärmerückgewinns infolge der Wärmeleitung abgeleitet

$$\eta - \eta_0 = -\frac{\beta_l}{a}\,x_0^2\,\varkappa^2\,\mathrm{e}^{-x_0}\left[1 - \frac{2}{x_0}\sqrt{\frac{\beta_l\,x_0}{a}}\,\sqrt{\varkappa - \varkappa^2} - \frac{\beta_l}{a}\,x_0\varkappa\left(3\varkappa - \frac{\varkappa}{2}\,x_0 - 1\right)\right].$$

Diese Gleichung gilt solange sowohl $\beta_l x_0/a < 0{,}1$ als auch $\beta_l/a\,x_0 < 0{,}1$ ist. An den genannten Grenzen liegt der Fehler im allgemeinen unter 1% und nimmt mit zunehmendem Abstand von den Grenzen weiter ab.

Die Bedeutung dieser Beziehung liegt darin, daß sie für das Näherungsverfahren, das im folgenden für den allgemeinen Fall $w \neq 0$ entwickelt wird, eine Abschätzung des Fehlers ermöglicht. Dieses Näherungsverfahren ergibt nach Gl. (246), (247) für $w = 0$ den Wert $\eta - \eta_0 = -\beta_l\,x_0^2\,\varkappa^2\,\mathrm{e}^{-x_0}/a$, so daß also die eckige Klammer als Korrekturfaktor angesehen werden kann. Danach ist die wirkliche Änderung des Wärmerückgewinns stets kleiner als bei dem Näherungsverfahren, und zwar liegt der Unterschied für $\beta_l/a\,x_0 = 0{,}1$ in der Größenordnung um 30% für $\beta_l/a\,x_0 = 0{,}01$ um 10% für $\beta_l/a\,x_0 = 0{,}001$ um 3%. Da der letzte Wert im allgemeinen den Verhältnissen der Praxis am nächsten kommen dürfte, kann somit die Genauigkeit des Näherungsverfahrens als durchaus befriedigend bezeichnet werden.

hält man

$$\bar{q}_{l\mathrm{I}} = \frac{\partial \vartheta_\beta}{\partial x} = \varkappa \beta_l \frac{x_0}{a} \frac{\partial^2 \vartheta_w}{\partial x^2}, \tag{237}$$

$$\bar{q}_{l\mathrm{II}} = \frac{\partial \Theta_\beta}{\partial y} = (1 - \varkappa) \beta_l \frac{x_0}{a} \frac{\partial^2 \vartheta_w}{\partial x^2}. \tag{237a}$$

Der Einfluß der beiden Randbedingungen [Gl. (336)] (mit ϑ_w statt t_w) auf den Verlauf von ϑ_w beschränkt sich, da β_l sehr klein ist, nur auf einen kleinen Bereich. Im mittleren Teil des Wärmeaustauschers kann genügend genau für ϑ_w diejenige Temperatur ϑ_{w0} eingesetzt werden, die sich ohne Wärmeleitung einstellen würde. Da die Temperaturunterschiede $\vartheta - \vartheta_w$ und $\vartheta_w - \Theta$ zwischen der Wandung und beiden Strömen sich umgekehrt wie die Produkte aus Wärmeübergangszahl und wärmeübertragender Fläche verhalten, ist hier

$$\vartheta_w = \vartheta_{w0} = \frac{\alpha_\mathrm{I} F_\mathrm{I}}{\alpha_\mathrm{I} F_\mathrm{I} + \alpha_\mathrm{II} F_\mathrm{II}} \vartheta_0 + \frac{\alpha_\mathrm{II} F_\mathrm{II}}{\alpha_\mathrm{I} F_\mathrm{I} + \alpha_\mathrm{II} F_\mathrm{II}} \Theta_0 = \varkappa \vartheta_0 + (1 - \varkappa) \Theta_0. \tag{238}$$

Man wendet nun die oben S. 66f. für einen vertikalen Streifen von der Breite dx durchgeführten Überlegungen sinngemäß auf einen horizontalen Streifen von der Breite dy an (Abb. 32). Der Einfluß der Randbedingungen Gl. (236) ist hier in den beiden Randzonen zwischen 0 und x_1 und zwischen x_2 und x_0 fühlbar. Die auf dem betrachteten Streifen zwischen 0 und x_1 übertragene Wärmemenge erhält man durch Integration von Gl. (237), (237a) zwischen $x = 0$ und x_1 unter Berücksichtigung von Gl. (236). Für den ersten Strom ist diese

$$(d\bar{q}_{0,x_1})_\mathrm{I} = dy \int_0^{x_1} \frac{\partial \vartheta_\beta}{\partial x} dx = dy \varkappa \beta_l \frac{x_0}{a} \left(\frac{\partial \vartheta_{w0}}{\partial x} \right)_{x=x_1}.$$

Für $\beta_l \to 0$ und damit $x_1 \to 0$ geht $(\bar{q}_{0,x_1})_\mathrm{I}$ über in die am Rande bei $x = 0$ zugeführte Wärmemenge

$$(d\bar{q}_{x=0})_\mathrm{I} = dy \lim_{x_1 \to 0} \int_0^{x_1} \frac{\partial \vartheta_\beta}{\partial x} dx = dy \varkappa \beta_l \frac{x_0}{a} \left(\frac{\partial \vartheta_{w0}}{\partial x} \right)_{x=0}. \tag{239a}$$

In gleicher Weise führt die zweite Randbedingung zu einer bei $x = x_0$ zugeführten Wärmemenge von

$$(d\bar{q}_{x_0})_\mathrm{I} = dy \lim_{x_2 \to x_0} \int_{x_2}^{x_0} \frac{\partial \vartheta_\beta}{\partial x} dx = - dy \varkappa \beta_l \frac{x_0}{a} \left(\frac{\partial \vartheta_{w0}}{\partial x} \right)_{x=x_0}. \tag{239b}$$

Die entsprechenden Wärmemengen für den zweiten Strom sind

$$(d\bar{q}_{x=0})_\mathrm{II} = dy \lim_{x_1 \to 0} \int_0^{x_1} \frac{\partial \Theta_\beta}{\partial y} dx = dy (1 - \varkappa) \beta_l \frac{x_0}{a} \left(\frac{\partial \vartheta_{w0}}{\partial x} \right)_{x=0}, \tag{239c}$$

$$(d\bar{q}_{x_0})_\mathrm{II} = dy \lim_{x_2 \to x_0} \int_{x_2}^{x_0} \frac{\partial \Theta_\beta}{\partial y} dx = - dy (1 - \varkappa) \beta_l \frac{x_0}{a} \left(\frac{\partial \vartheta_{w0}}{\partial x} \right)_{x=x_0}. \tag{239d}$$

Für die Änderung der mittleren Austrittstemperatur, die sich als Folge
der ihm im Flächenelement $d\,x\,d\,y$ zugeführten Wärmemenge ergibt, gilt
beim ersten Strom die gleiche Beziehung wie oben, nämlich Gl. (219). Der
partielle Wärmerückgewinn $\eta_{00\,\mathrm{II}}$ für den zweiten Strom ist nach Gl. (48a)

$$\eta_{00\,\mathrm{II}} = \Theta_0\,(x_0 - x,\; y_0 - y)\,. \tag{240}$$

Die Änderung der mittleren Austrittstemperatur des zweiten Stroms als
Folge der ihm im Flächenelement $d\,x\,d\,y$ zugeführten Wärmemenge ist also

$$d^2\,\Theta_a = \frac{1}{x_0}\,\frac{\partial\,\Theta_\beta}{\partial\,y}\,[1 - \Theta_0\,(x_0 - x,\; y_0 - y)]\,d\,x\,d\,y\,. \tag{241}$$

Durch Integration über den gesamten Wärmeaustauscher unter Berücksichtigung der am Rand bei $x = 0$ und $x = x_0$ zugeführten Wärmemenge
folgen daraus die Änderungen $\delta\,\vartheta_a'$ und $\delta\,\Theta_a'$ der Austrittstemperaturen
beider Ströme mit Gl. (219), (241), (237), (237a), (239a, b, c, d) und mit
der gleichen Umformung wie bei Gl. (220), wobei in $\delta\,\vartheta_a'$ und $\delta\,\Theta_a'$ zunächst
nur die dem gleichen Strom zugeführte Wärmemenge berücksichtigt ist

$$
\left.
\begin{aligned}
\delta\,\vartheta_a' &= \frac{\varkappa\,\beta_l}{a}\,\frac{x_0}{y_0}\int_0^{y_0}\Bigg[\left(\frac{\partial\,\vartheta_{w0}}{\partial\,x}\right)_{x=0}\vartheta_0\,(x_0,\; y_0 - y) - \\
&\qquad - \left(\frac{\partial\,\vartheta_{w0}}{\partial\,x}\right)_{x=x_0}\vartheta_0\,(0,\; y_0 - y) + \\
&\qquad + \int_0^{x_0}\frac{\partial^2\,\vartheta_{w0}}{\partial\,x^2}\,\vartheta_0\,(x_0 - x,\; y_0 - y)\,d\,x\Bigg]\,d\,y\,, \\[2ex]
\delta\,\vartheta_a' &= \frac{\varkappa\,\beta_l}{a}\,\frac{x_0}{y_0}\int_0^{y_0}\!\!\int_0^{x_0}\left(\frac{\partial\,\vartheta_{w0}}{\partial\,x}\right)_{x,y}\left(\frac{\partial\,\vartheta_0}{\partial\,x}\right)_{x_0-x,\,y_0-y}d\,x\,d\,y\,,
\end{aligned}
\right\} \tag{242}
$$

$$
\left.
\begin{aligned}
\delta\,\Theta_a' &= (1 - \varkappa)\,\frac{\beta_l}{a}\times \\
&\times\int_0^{y_0}\Bigg[\left(\frac{\partial\,\vartheta_{w0}}{\partial\,x}\right)_{x=0}[1 - \Theta_0\,(x_0,\; y_0 - y)] - \\
&\qquad - \left(\frac{\partial\,\vartheta_{w0}}{\partial\,x}\right)_{x=x_0}[1 - \Theta_0\,(0,\; y_0 - y)] + \\
&\qquad + \int_0^{x_0}\frac{\partial^2\,\vartheta_{w0}}{\partial\,x^2}\,[1 - \Theta_0\,(x_0 - x,\; y_0 - y)]\,d\,x\Bigg]\,d\,y\,, \\[2ex]
\delta\,\Theta_a' &= -\,\frac{(1 - \varkappa)\,\beta_l}{a}\int_0^{y_0}\!\!\int_0^{x_0}\left(\frac{\partial\,\vartheta_{w0}}{\partial\,x}\right)_{x,y}\left(\frac{\partial\,\Theta_0}{\partial\,x}\right)_{x_0-x,\,y_0-y}d\,x\,d\,y\,.
\end{aligned}
\right\} \tag{243}
$$

Die dem ersten Strom zugeführte Wärmemenge bewirkt gleichzeitig eine
Änderung der Austrittstemperatur des zweiten Stroms um $\delta\,\Theta_a''$, die dem

zweiten Strom zugeführte Wärmemenge eine Änderung der Austritts-temperatur des ersten Stroms um $\delta \vartheta_a''$. Da nach Gl. (237), (237 a), (239 a, b, c, d) ähnlich S. 67 das Integral über die auf einem horizontalen Streifen von der Breite dy (Abb. 32) einem der beiden Ströme zugeführte Wärme-menge gleich Null ist, gilt $W_I\,\delta \vartheta_a'' = -W_{II}\,\delta \Theta_a'$. Die gesamte Änderung $\delta \vartheta_a$ der Austrittstemperatur des ersten Stroms ist also mit $W_I/W_{II} = y_0/x_0$

$$\delta \vartheta_a = \delta \vartheta_a' - \delta \Theta_a'\, x_0/y_0 \,. \tag{244}$$

Die Änderung des Wärmerückgewinns $\eta - \eta_0$ gegenüber dem Wärmeaus-tauscher ohne Wärmeleitung wird damit

$$\eta - \eta_0 = -\delta \vartheta_a = -\delta \vartheta_a' + \delta \Theta_a'\, x_0/y_0 \,, \tag{245}$$

und man erhält mit Gl. (242), (243) und mit ϑ_w aus Gl. (238)

$$\eta - \eta_0 = -\frac{\beta_l}{a}\left[\varkappa^2 A_1 + \varkappa(1-\varkappa)(A_2 + A_2') + (1-\varkappa)^2 A_3\right], \tag{246}$$

mit

$$A_1 = \frac{x_0}{y_0}\int_0^{y_0}\int_0^{x_0}\left(\frac{\partial \vartheta_0}{\partial x}\right)_{x,y}\left(\frac{\partial \vartheta_0}{\partial x}\right)_{x_0-x,\,y_0-y}\,dx\,dy, \tag{246 a}$$

$$A_2 = \frac{x_0}{y_0}\int_0^{y_0}\int_0^{x_0}\left(\frac{\partial \Theta_0}{\partial x}\right)_{x,y}\left(\frac{\partial \vartheta_0}{\partial x}\right)_{x_0-x,\,y_0-y}\,dx\,dy, \tag{246 b}$$

$$A_2' = \frac{x_0}{y_0}\int_0^{y_0}\int_0^{x_0}\left(\frac{\partial \vartheta_0}{\partial x}\right)_{x,y}\left(\frac{\partial \Theta_0}{\partial x}\right)_{x_0-x,\,y_0-y}\,dx\,dy, \tag{246 c}$$

$$A_3 = \frac{x_0}{y_0}\int_0^{y_0}\int_0^{x_0}\left(\frac{\partial \Theta_0}{\partial x}\right)_{x,y}\left(\frac{\partial \Theta_0}{\partial x}\right)_{x_0-x,\,y_0-y}\,dx\,dy. \tag{246 d}$$

3. Mathematische Umformung der erhaltenen Funktionen

Setzt man die Temperaturgradienten nach Gl. (225) bis (225 c) in die Funktionen A_1 bis A_3 nach Gl. (246 a) bis (246 d) ein, so wird

$$A_1 = \frac{x_0}{y_0}\int_0^{y_0}\int_0^{x_0}\mathrm{e}^{-(x+y)}J_0\!\left(2i\sqrt{xy}\right)\mathrm{e}^{-(x_0-x+y_0-y)}J_0\!\left(2i\sqrt{(x_0-x)(y_0-y)}\right)dx\,dy,$$

$$A_1 = \frac{x_0}{y_0}\mathrm{e}^{-(x_0+y_0)}\int_0^{y_0}\int_0^{x_0}J_0\!\left(2i\sqrt{xy}\right)J_0\!\left(2i\sqrt{(x_0-x)(y_0-y)}\right)dx\,dy\,.$$

Nach Gl. (228) ist der Wert des Doppelintegrals mit $p = q = 0$

$$\sqrt{x_0\,y_0}\left[-i\,J_1\!\left(2i\sqrt{x_0\,y_0}\right)\right].$$

Damit wird

$$A_1 = \frac{x_0}{y_0}\, e^{-(x_0+y_0)}\, \sqrt{x_0\,y_0}\,\big[-i\,J_1\big(2\,i\,\sqrt{x_0\,y_0}\big)\big]. \tag{247}$$

Für $y_0 \to 0$ ist $A_1 = x_0^2\, e^{-x_0}$.

Ebenso

$$A_2 = \frac{x_0}{y_0} \int\limits_0^{y_0}\int\limits_0^{x_0} e^{-(x+y)}\, \sqrt{\frac{y}{x}}\,\big[-i\,J_1\big(2\,i\,\sqrt{x\,y}\big)\big]\times$$

$$\times\, e^{-(x_0-x,\,y_0-y)}\, J_0\big(2\,i\,\sqrt{(x_0-x)\,(y_0-y)}\big)\,d\,x\,d\,y$$

$$= \frac{x_0}{y_0}\, e^{-(x_0+y_0)} \int\limits_0^{y_0}\int\limits_0^{x_0} \sqrt{\frac{y}{x}}\,\big[-i\,J_1\big(2\,i\,\sqrt{x\,y}\big)\big]\times$$

$$\times\, J_0\big(2\,i\,\sqrt{(x_0-x)\,(y_0-y)}\big)\,d\,x\,d\,y\,.$$

Den Wert des Doppelintegrals erhält man aus Gl. (228) durch Vertauschen von x und y mit $p=1$; $q=0$ zu

$$y_0\big[-J_2\big(2\,i\,\sqrt{x_0\,y_0}\big)\big].$$

Damit wird

$$A_2 = x_0\, e^{-(x_0+y_0)}\big[-I_2\big(2\,i\,\sqrt{x_0\,y_0}\big)\big]. \tag{248}$$

Weiter

$$A_2' = \frac{x_0}{y_0}\, e^{-(x_0+y_0)} \int\limits_0^{y_0}\int\limits_0^{x_0} \sqrt{\frac{y_0-y}{x_0-x}}\, J_0\big(2\,i\,\sqrt{x\,y}\big)\times$$

$$\times\,\big[-i\,J_1\big(2\,i\,\sqrt{(x_0-x)\,(y_0-y)}\big)\big]\,d\,x\,d\,y\,.$$

Setzt man $\bar{x} = x_0 - x$, $\bar{y} = y_0 - y$, so geht das Doppelintegral in dasjenige von A_2 über. Es hat also den gleichen Wert. Somit ist

$$A_2' = A_2\,. \tag{248 a}$$

Schließlich

$$A_3 = \frac{x_0}{y_0}\, e^{-(x_0+y_0)} \int\limits_0^{y_0}\int\limits_0^{x_0} \sqrt{\frac{y\,(y_0-y)}{x\,(x_0-x)}}\,\big[-i\,J_1\big(2\,i\,\sqrt{x\,y}\big)\big]\times$$

$$\times\,\big[-i\,J_1\big(2\,i\,\sqrt{(x_0-x)\,(y_0-y)}\big)\big]\,d\,x\,d\,y\,.$$

Durch Vertauschen von x und y geht das Doppelintegral in dasjenige von Gl. (226) über. Damit wird

$$A_3 = e^{-(x_0+y_0)}\, \sqrt{x_0\,y_0}\; i\,J_3\big(2\,i\,\sqrt{x_0\,y_0}\big) = A_M\,. \tag{249}$$

Durch Einsetzen von A_1, A_2 und A_3 in Gl. (246) erhält man die gesuchte Endformel

$$\eta - \eta_0 = - \frac{\beta_l}{a}\, \mathrm{e}^{-(x_0+y_0)} \left(\varkappa^2 \frac{x_0}{y_0} \sqrt{x_0\, y_0}\left[- i J_1\left(2\, i \sqrt{x_0\, y_0}\right)\right] + \right.$$
$$+\, 2\,\varkappa\,(1 - \varkappa)\, x_0 \left[- J_2\left(2\, i \sqrt{x_0\, y_0}\right)\right] + \qquad (250)$$
$$\left. +\, (1 - \varkappa)^2 \sqrt{x_0\, y_0}\, i J_3\left(2\, i \sqrt{x_0\, y_0}\right) \right).$$

Die Änderung des Wärmerückgewinns nach dieser Gleichung gilt für den ersten Strom, in dessen Strömungsrichtung die Wärmeleitung wirksam ist. Bezieht man wieder den Wärmerückgewinn auf den Strom mit dem kleineren Wasserwert, (η^*, η_0^*), so ist für $w = y_0/x_0 < 1$: $\eta^* - \eta_0^* = \eta - \eta_0$, für $w > 1 : \eta^* - \eta_0^* = w\,(\eta - \eta_0)$. Damit die nach Gl. (246) errechnete Änderung des Wärmerückgewinns sich auf den Strom mit dem kleineren Wasserwert bezieht, wurden die Funktionen A_1, A_2, $A_3 = A_M$ durch die Funktionen A_1^*, A_2^*, $A_3^* = A_M^*$ ersetzt. Es ist

$$\begin{aligned} &\text{für} \quad w < 1 \quad A_1^* = A_1; \quad A_2^* = A_2; \quad A_3^* = A_M^* = A_3; \\ &\text{für} \quad w > 1 \quad A_1^* = w A_1; \quad A_2^* = w A_2; \quad A_3^* = A_M^* = w A_3. \end{aligned} \qquad (251)$$

V. Ergebnisse

Die verschiedenen bisher abgeleiteten Funktionen A_1^*, A_2^*, $A_3^* = A_M^*$ sind in Abb. 33 dargestellt mit der dimensionslosen Kenngröße x_0^* (dem größeren der beiden Werte x_0, y_0) als Abszisse und dem Verhältnis w der Wasserwerte beider Ströme als Parameter.

1. Einfluß der Vermischung auf den Wärmerückgewinn

Zunächst soll der Einfluß der Vermischung mit teilweisem Temperaturausgleich quer zur Strömungsrichtung in einem Strom, der in der Skizze der Abb. 33 als erster Strom bezeichnet ist, betrachtet werden. Ermittelt wurde die Änderung $\eta^* - \eta_0^*$ des Wärmerückgewinns gegenüber dem Wärmerückgewinn η_0^* des einfachen Wärmeaustauschers ohne Vermischung [1. Teil Gl. (27), Zahlentafel 1][1], beide bezogen auf den Strom mit dem kleineren Wasserwert. Nach Gl. (229), (251) gilt mit den Bezeichnungen von Abb. 33 und der Kenngröße für die Mischungsintensität β nach S. 59–63

$$\eta^* - \eta_0^* = -\beta\, \frac{a}{b^2}\, A_M^*.$$

Tritt, wie beim Plattenwärmeaustauscher, in beiden Strömen Vermischung auf, so sind die Werte $\eta^* - \eta_0^*$ für beide Ströme zu berechnen und zu addieren.

---

[1] Mit $x_0 = F k/W^*$, $y_0 = F k/W^{**}$, s. Abb. 33. W^{**} ist der größere der beiden Werte W_I, W_II.

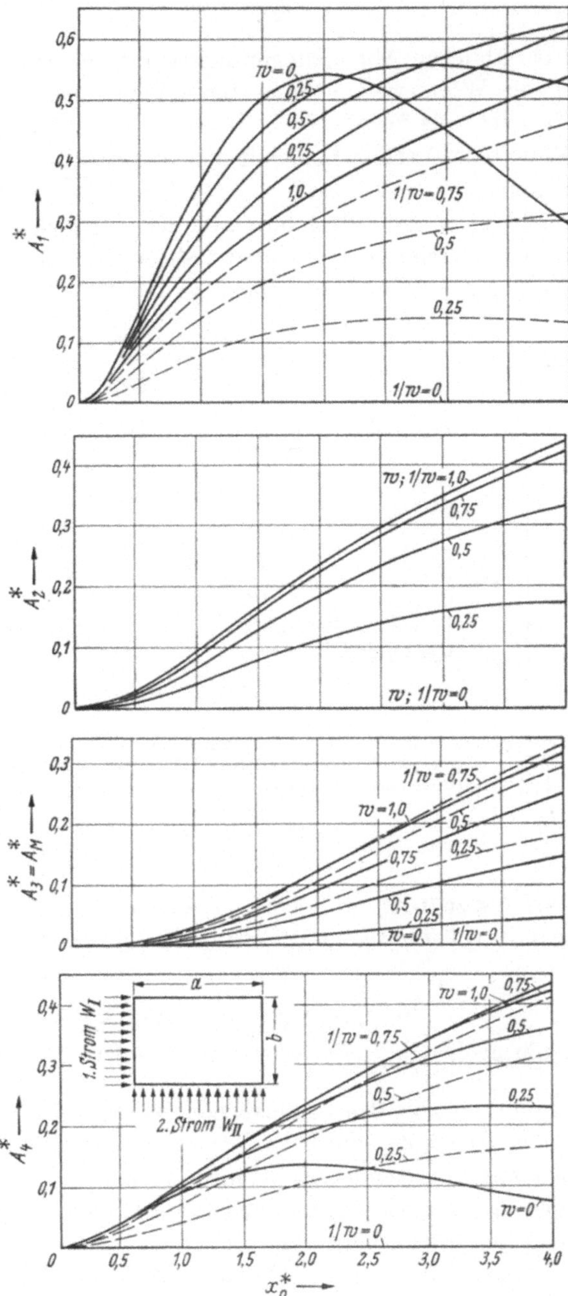

Abb. 33. Für die Berechnung des Einflusses der Vermischung und der Wärmeleitung auf den Wärmerückgewinn des Kreuzstrom-Wärmeaustauschers erforderliche Funktionen abhängig von der dimensionslosen Fläche $x_0^* = Fk/W^*$ des Kreuzstrom-Wärmeaustauschers mit dem Verhältnis $w = W_{\mathrm{I}}/W_{\mathrm{II}}$ der Wasserwerte als Parameter.

A_1^* nach Gl.(247), (251); A_2^* nach Gl.(248), (251): $A_3^* = A_M^*$ nach Gl.(229), (249), (251);
$$A_4^* = {}^1/_4\,A^* + {}^1/_2\,A_2^* + {}^1/_4\,A_3^*.$$

F [m²]   gesamte wärmeübertragende Fläche des Wärmeaustauschers,
k [kcal/m²h grd]   Wärmedurchgangszahl bezogen auf F,
W_{I}, W_{II} [kcal/hgrd] Wasserwert des ersten bzw. zweiten Stroms (s. Skizze),
W^* [kcal/h grd]   der kleinere der beiden Werte W_{I}, W_{II}.

Da β bei üblichen Abmessungen meist unter 0,001 m liegt, wird die Änderung des Wärmerückgewinns durch Vermischung fast stets unter $1^0/_{00}$ bleiben. Daraus folgt:

Der Einfluß der Vermischung auf den Wärmerückgewinn ist vernachlässigbar klein.

Vergleicht man dieses Ergebnis mit den bei vollständigem Temperaturausgleich in einem Strom quer zur Strömungsrichtung sich ergebenden Werten $\eta^* - \eta_0^*$ für die Änderung des Wärmerückgewinns nach

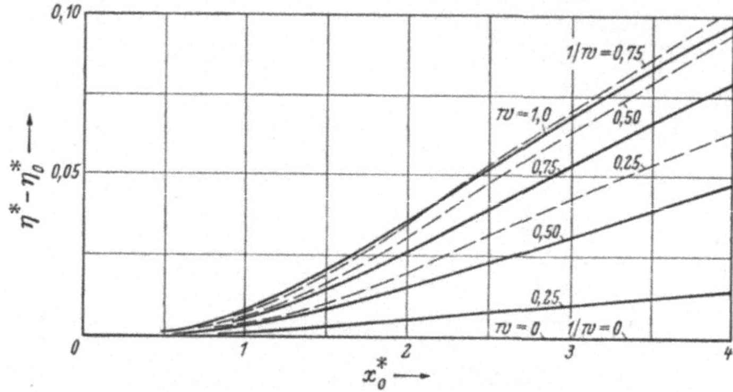

Abb. 34. Unterschied des unter Annahme vollständigen Temperaturausgleichs quer zum ersten Strom errechneten Wärmerückgewinns η^* eines Kreuzstrom-Wärmeaustauschers gegenüber dem Wärmerückgewinn η_0^* ohne jeden Temperaturausgleich, beide bezogen auf den Strom mit dem kleineren Wasserwert.

x_0^* und w wie in Abb. 33.

Abb. 34, die bis zu 10% erreichen, so sieht man, daß die vereinfachte Rechnung mit vollständigem Temperaturausgleich sich nicht rechtfertigen läßt.

2. Einfluß der Wärmeleitung in den wärmeübertragenden Elementen auf den Wärmerückgewinn

Bei der Betrachtung des Einflusses der Wärmeleitung in den wärmeübertragenden Elementen wird Wärmeleitung in Richtung des in Abb. 33 als erster Strom bezeichneten Stromes vorausgesetzt. Die Änderung $\eta^* - \eta_0^*$ des Wärmerückgewinns durch den Einfluß der Wärmeleitung, bezogen auf den Strom mit dem kleineren Wasserwert, ist hier nach Gl. (246), (248a) und (251)[1] mit den in Abb. 33 dargestellten Funktionen A_2^*, A_1^*, A_3^*

$$\eta^* - \eta_0^* = -\frac{\beta_l}{a}\left[\varkappa^2 A_1^* + 2\varkappa(1-\varkappa)A_2^* + (1-\varkappa)^2 A_3^*\right].$$

---

[1] Über die Genauigkeit des hier benutzten Näherungsverfahrens s. Fußnote S. 75.

Dabei ist nach Gl. (234) $\beta_l = S\lambda/W_\mathrm{I}$ (λ [kcal/m h grd] Wärmeleitzahl, S [m²] für die Wärmeleitung maßgebender Gesamtquerschnitt der wärmeübertragenden Elemente senkrecht zum ersten Strom), $\varkappa = \alpha_\mathrm{I} F_\mathrm{I}/(\alpha_\mathrm{I} F_\mathrm{I} + \alpha_\mathrm{II} F_\mathrm{II})$, wenn α_I [kcal/m²h grd] die Wärmeübergangszahl, F_I [m²] die wärmeübertragende Fläche zwischen den wärmeübertragenden Elementen und dem ersten Strom, α_II, F_II die entsprechenden Werte für den zweiten Strom bedeuten.

Für den Fall, daß der Temperaturunterschied der wärmeübertragenden Elemente gegenüber beiden Strömen gleich ($\alpha_\mathrm{I} F_\mathrm{I} = \alpha_\mathrm{II} F_\mathrm{II}$), also $\varkappa = 0{,}5$ ist, wird

$$\eta^* - \eta_0^* = -\frac{\beta_l}{a}\, A_4^*,$$

wobei $A_4^* = A_1^*/4 + A_2^*/2 + A_3^*/4$ unmittelbar Abb. 33 entnommen werden kann. Für $\varkappa \to 0$ ist $\eta^* - \eta_0^* = -\beta_l A_3^*/a$, für $\varkappa \to 1$ wird $\eta^* - \eta_0^* = -\beta_l A_1^*/a$.

Ist, wie beim Plattenwärmeaustauscher, die Wärmeleitung in beiden Richtungen wirksam, so sind die für beide Ströme ermittelten Werte von $\eta^* - \eta_0^*$ zu addieren.

Auch der Einfluß der Wärmeleitung in den wärmeübertragenden Elementen wird in den meisten Fällen praktisch belanglos sein. Diese Erkenntnis steht im Einklang mit den Ergebnissen bekannter Untersuchungen[1] über den Einfluß der Wärmeleitung in den wärmeübertragenden Elementen von Gleich- und Gegenstromwärmeaustauschern auf den Wärmerückgewinn. Auch dort erwies sich dieser Einfluß als meist ganz unbedeutend.

---

[1] FRANK, P., u. R. v. MISES: Die Differential- und Integralgleichungen der Mechanik und Physik, I. Teil. Braunschweig: Vieweg 1925.

MEISSNER, W.: Über die Vorgänge in Gegenstromapparaten der Gasverflüssiger. Z. techn. Phys., Bd. 7 (1926) S. 235 ff. – GEIGER-SCHEEL: Handbuch der Physik, Bd. XI, S. 272–339. Berlin: Springer 1926. – S. a. A. HAUSEN, S. 186 ff, s. Fußnote S. 3.

Bei Regeneratoren ist der Einfluß der Wärmeleitung vielfach stärker, s. HAHNEMANN, H. W.: Der thermische Gütegrad von Wärmeaustauschern mit Berücksichtigung der Wärmeleitung. Forschung, Bd. 19 (1953) S. 81–87, 105–114.